"创新设计思维"
数字媒体与艺术设计类新形态丛书

全|彩|慕|课|版

Photoshop 2022

平面设计案例教程

瞿颖健 徐健 陈焕英 编著

人民邮电出版社

北 京

图书在版编目（ＣＩＰ）数据

Photoshop 2022平面设计案例教程 ：全彩慕课版 /
瞿颖健，徐健，陈焕英编著. —— 北京 ：人民邮电出版社，
2023.11
（"创新设计思维"数字媒体与艺术设计类新形态丛
书）
ISBN 978-7-115-62511-3

Ⅰ．①P… Ⅱ．①瞿… ②徐… ③陈… Ⅲ．①平面设
计－图像处理软件－教材 Ⅳ．①TP391.413

中国国家版本馆CIP数据核字(2023)第155302号

内 容 提 要

本书主要讲解使用 Photoshop 2022 进行平面设计的理论知识，注重案例选材的实用性、操作步骤的完整性、思维的拓展性，结合案例的设计理念和思路，逐步提高读者软件操作技能和平面设计能力。

本书共 11 章，第 1 章～第 6 章对 Photoshop 2022 基础、绘图、图像修饰与调色、文字与排版、抠图与合成、图像特效等核心技术进行了细致的讲解；第 7 章～第 11 章针对 UI 设计、包装设计、广告设计、书籍设计、网页设计等行业实战案例进行了详细的解析，包括游戏 App 用户排名界面设计、休闲食品包装盒设计、夏日促销活动宣传广告设计、画册类书籍版面设计、旅游网站首页设计。

本书可作为普通高等院视觉传达设计、数字媒体艺术、数字媒体技术等相关专业的教材，也可作为从事平面设计、广告设计、UI 设计、网页设计等相关工作人员的参考书。

◆ 编　著　瞿颖健　徐　健　陈焕英
　　责任编辑　许金霞
　　责任印制　王　郁　陈　犇
◆ 人民邮电出版社出版发行　　北京市丰台区成寿寺路 11 号
　　邮编　100164　电子邮件　315@ptpress.com.cn
　　网址　https://www.ptpress.com.cn
　　北京瑞禾彩色印刷有限公司印刷
◆ 开本：787×1092　1/16
　　印张：13.5　　　　　　　　2023 年 11 月第 1 版
　　字数：353 千字　　　　　　2024 年 8 月北京第 2 次印刷

定价：79.80 元

读者服务热线：(010)81055256　印装质量热线：(010)81055316
反盗版热线：(010)81055315
广告经营许可证：京东市监广登字 20170147 号

党的二十大报告指出：坚持以人民为中心的创作导向，推出更多增强人民精神力量的优秀的作品。Photoshop 是一款由 Adobe 公司开发的广为人知的图像处理软件，它具有非常强大的图像编辑、设计制图、颜色校正、图像合成、文字排版功能，被广泛应用于数字图像处理、广告设计、UI 设计、网页设计、包装设计、书籍设计、摄影后期制作等领域。编写团队深入学习党的二十大报告的精髓要义，立足"实施科教兴国战略，强化现代化建设人才支撑"，基于 Photoshop 在设计行业的广泛应用编写了本书。

本书特色

◎ 章节合理。第 1 章主要讲解 Photoshop 软件的基础操作，第 2 ~ 6 章选取软件的五大核心技术进行逐一讲解，第 7 ~ 11 章是综合应用实操。

◎ 结构清晰。本书以"软件基础知识 + 实操 + 扩展练习 + 课后习题 + 课后实战"的结构进行讲解，帮助读者更快、更好地迈入独立制图操作的阶段。

◎ 实用性强。本书精选了 30 个实用性强的案例，可应对多种行业的设计工作。

◎ 步骤完整。本书案例包括项目诉求、设计思路、配色方案、项目实战等内容，让读者不仅能学习案例的技术和操作步骤，还能看懂案例的设计思路及理念。

本书内容

第 1 章 基础操作，包括 Photoshop 的工作环境、打开与关闭文件、新建与保存文件、图层操作、调整图像、打印图像等。

第 2 章 绘图，包括多种绘图工具的使用，如前景色与背景色、色彩与图案、渐变工具、选区、画笔、绘制几何图形、钢笔绘图等。

第 3 章 图像修饰与调色，包括去除小瑕疵、消除大面积瑕疵、图像局部的简单处理、图像调色、液化等。

第 4 章 文字与排版，包括创建和编辑文字、辅助工具的运用等。

第 5 章 抠图与合成，包括抠图常用技法、蒙版与图框工具的应用等。

第 6 章 图像特效，包括滤镜、图层样式的应用等。

第 7 章 UI 设计综合应用，详细讲解了"游戏 App 用户排名界面设计"的制作流程。

第 8 章 包装设计综合应用，详细讲解了"休闲食品包装盒设计"的制作流程。

第 9 章 广告设计综合应用，详细讲解了"夏日促销活动宣传广告设计"的制作流程。

第 10 章 书籍设计综合应用，详细讲解了"画册类书籍版面设计"的制作流程。

第 11 章 网页设计综合应用，详细讲解了"旅游网站首页设计"的制作流程。

本书采用 Photoshop 2022 版本进行编写，为了取得最佳效果，建议读者使用该版本进行学习。

教学资源

本书提供了丰富的立体化资源，包括实操视频、案例资源、教辅资源、慕课视频等。读者可登录人邮教育社区（www.ryjiaoyu.com），在本书页面中下载案例资源和教辅资源。

实操视频：本书所有案例配套视频，扫描书中二维码即可观看。

案例资源：所有案例需要的素材和效果文件，素材和效果文件均以案例名称命名。

教辅资源：本书提供PPT课件、教学大纲、教学教案、拓展案例库、拓展素材资源等。

素材文件　　效果文件　　PPT课件　　教学大纲　　教学教案　　拓展案例　　拓展素材资源

慕课视频：作者针对全书各章内容和案例录制了完整的慕课视频，以供读者自主学习；读者可通过扫描以下二维码或者登录人邮学院网站（新用户须注册），单击页面上方的"学习卡"选项，并在"学习卡"页面中输入本书封底刮刮卡的激活码，即可学习本书配套慕课。

慕课课程

慕课课程网址

作者团队

本书由瞿颖健、徐健、陈焕英编著。参与本书编写和整理工作的还有曹茂鹏、张玉华、瞿玉珍、杨力、曹元钢。由于时间仓促，加之水平有限，书中难免存在错误和不妥之处，敬请广大读者批评和指出。

作者

2023 年 11 月

C O N T E N T S

目录

第 **3** 章 59
图像修饰与调色

第 **4** 章 88
文字与排版

第1章

Photoshop 2022 基础

本章要点

学习 Photoshop，首先需要对 Photoshop 2022 有初步的认识，包括认识工作界面，熟悉工具箱、命令菜单与面板，进而学习 Photoshop 2022 的基础操作，如打开文件、新建文件、保存文件、图层操作、调整图像大小等。掌握这些操作可以帮助我们更好地使用该软件进行图像处理和编辑工作。

能力目标

❖ 熟练掌握文件的打开、新建、置入、保存操作

❖ 理解图层原理并掌握图层的基础操作

❖ 熟练地进行自由变换

❖ 掌握设置图层混合模式和不透明度的方法

1.1 熟悉 Photoshop 2022 的工作界面

Photoshop是一款由Adobe公司开发的广为人知的图像处理软件,它具有非常强大的图像编辑、设计制图、颜色校正、图像合成、文字排版功能,被广泛应用于数字图像处理、广告设计、UI设计、网页设计、包装设计、书籍设计、摄影后期制作等领域。

除了基本的图像处理功能外,Photoshop还具有许多高级功能,如3D图像处理、视频编辑、动画制作等。同时,Photoshop也可以和其他Adobe软件无缝集成,如Illustrator、InDesign等,以更方便地完成复杂的设计项目。Photoshop、Illustrator、InDesign的图标如图1-1所示。

Adobe Photoshop　　Adobe Illustrator　　Adobe InDesign

图 1-1

1.1.1 认识 Photoshop 2022 的工作界面

本节我们开始学习Photoshop 2022的第一步:熟悉Photoshop 2022的工作界面。

将软件打开后,用户看到的是Photoshop 2022的主页,当前页面中只能显示部分软件功能。单击左侧的"新建"按钮,在弹出的"新建文档"对话框中选择任意一个预设的尺寸,然后单击"创建"按钮提交操作,如图1-2所示。

图 1-2

只有文档新建完成后,才能够看到完整

的软件功能。在Photoshop 2022的工作界面中可以看到菜单栏、工具选项栏、工具箱、绘图区域和面板等多个部分,如图1-3所示。

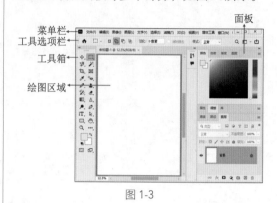

图 1-3

1.1.2 如何使用 Photoshop 2022 的工具

工具箱位于工作界面左侧,其中包含各种常用的绘图、选择、调整和编辑工具。工具箱与工具选项栏需要配合使用。

(1)单击工具箱中的工具按钮可以将该工具选中。如果工具按钮右下角带有三角形图标,那么说明这是一个工具组。在工具组上单击鼠标右键可以看到工具组中的其他工具。将光标移动至工具名称位置单击即可选择该工具,如图1-4所示。

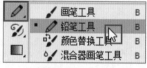

图 1-4

(2)工具选项栏位于菜单栏下方,会根据所选工具的不同显示不同的选项,以便用户进行各种调整和编辑操作,如图1-5所示。

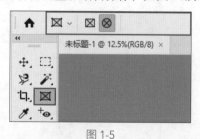

图 1-5

1.1.3 如何使用 Photoshop 2022 的命令

菜单栏位于界面顶部,由多个菜单组

成。通过菜单的名称，用户可以大概猜出菜单中命令的使用范围。例如，"图层"菜单中的命令主要是针对图层进行编辑；"文字"菜单中的命令主要是针对文字进行编辑。

（1）单击菜单可以看到菜单列表。例如，单击"文件"菜单，将光标移动至菜单名称位置会高亮显示，单击即可执行该命令，如图1-6所示。

图 1-6

（2）部分命令名称的右侧有组合键，同时按下这些键可以快速执行该命令。

（3）部分命令右侧带有▶图标，表示该命令带有子菜单。例如，单击"图层"菜单，将光标移动到"新建"命令处即可看到其子菜单，如图1-7所示。

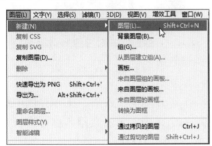

图 1-7

1.1.4 如何使用 Photoshop 2022 的面板

Photoshop 2022有超过20个面板，每个面板都有不同的功能。默认情况下，面板堆叠在工作界面的右侧。面板可以通过"窗口"菜单打开或关闭。

（1）为了保证读者的工作界面与本书中截图一致，可以执行"窗口>工作区>复位基本功能"命令，将软件恢复到默认状态。

（2）观察工作界面右下角可以看到"图层""通道""路径"面板相互重叠在一起，此时显示的是"图层"面板，如图1-8所示。

图 1-8

（3）单击面板名称即可切换到该面板。例如，单击"通道"标签即可切换到"通道"面板，如图1-9所示。

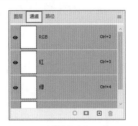

图 1-9

（4）在面板名称位置单击鼠标右键，执行"关闭"命令可以将该面板关闭，如图1-10所示。

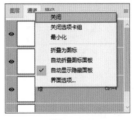

图 1-10

（5）将面板关闭后，可以通过"窗口"菜单将其再次打开。"窗口"菜单提供了面板的列表，执行命令后可以打开或关闭相应的面板，如图1-11所示。

图 1-11

提示：

　　若面板名称前面带有"对号"标记 ✔，表明该面板已显示在工作界面中。

1.2 打开与关闭文件

1.2.1 打开文件

　　如果想要进行图像处理或继续处理之前的设计文件，就必须先将其在Photoshop中打开。

　　（1）执行"文件>打开"命令，随即会弹出"打开"对话框，在其中单击选中需要打开的文件，然后单击"打开"按钮，如图1-12所示。

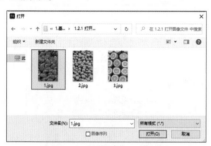

图 1-12

提示：

　　Photoshop能打开绝大多数常见的文件格式，在"打开"对话框中单击右下角的 所有格式 (*.*) 按钮，可以看到Photoshop能够打开的文件格式。

　　（2）选中的图像将会在Photoshop中打开，随后可以对该文件进行编辑，如图1-13所示。

图 1-13

　　（3）可以同时在Photoshop中打开多个文件。再次执行"文件>打开"命令，在"打开"的对话框中按住Ctrl键分别单击文件进行加选，然后单击"打开"按钮，如图1-14所示。

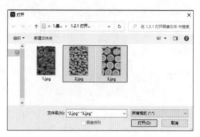

图 1-14

提示：

　　在加选文件时，还可以拖曳鼠标，此时会显示一个矩形框，被框住的文件将被选中，这个操作称为"框选"，如图1-15所示。

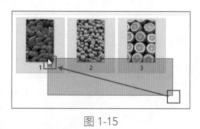

图 1-15

　　（4）打开多个文件后，工作界面中默认只显示一个文档，单击文档名称可进行文档的切换，如图1-16所示。

图 1-16

　　（5）此时还可以更改文件的排列方式。执行"窗口>排列"命令，在子菜单中可以选择排列方式。例如，执行"窗口>排列>三联垂直"命令，当前排列效果如图1-17所示。

Photoshop 2022 平面设计案例教程（全彩慕课版）

图 1-17

1.2.2 查看图像

在设计制图或进行图像处理的过程中，经常需要对画面的细节进行刻画。使用"缩放工具" 🔍 可以放大或缩小画面的显示比例，使用"抓手工具" 🤚 可以平移画布。这两个工具可以帮助用户方便地查看图像。

（1）选择工具箱中的"缩放工具"，想要放大画面的显示比例，可以单击选项栏中的"放大"按钮 🔍 ，然后在画面中单击。想要放大特定区域，可以按住鼠标左键拖曳，拖曳的范围就是放大显示的范围，该过程如图1-18和图1-19所示。

图 1-18

图 1-19

（2）当工作界面无法完整显示整个画面时，选择该工具组中的"抓手工具"，在画面中按住鼠标左键拖曳可以平移画面，如图1-20所示。在使用其他工具时，按住空格键可快速切换到"抓手工具"，松开空格键可切换回之前的工具。

图 1-20

（3）想要缩小画面的比例，可以单击选项栏中的"缩小"按钮 🔍 ，然后在画面中单击，如图1-21所示。在放大状态下，按住Alt键可切换为缩小方式。

图 1-21

> 提示：
>
> 同时按下Ctrl键和"+"键可以放大显示比例；同时按下Ctrl键和"–"键可以缩小显示比例。

1.2.3 关闭文件

（1）如果要关闭某个文件，则单击文件名称右侧的 ✕ 按钮即可，如图1-22所示。

（2）当软件内同时打开多个文件时，执行"文件>关闭全部"命令即可将多个文件关闭。

图 1-22

（3）如果要关闭软件，则单击界面右上角的 ✕ 按钮。

1.3 新建与保存文件

通过1.2节的学习，我们掌握了如何打开已有的文件。而面对需要"从零开始"的设计制图工作时该怎么做呢？自然是要在Photoshop中新建一个文件了。

1.3.1 新建文件

新建文件时，文件的尺寸、分辨率、颜色模式都是非常重要的属性，它们将直接影响到新建的文件是否可以使用。

在Photoshop中，新建文件有两种思路：一种是选择软件提供的预设尺寸，另一种是自定义尺寸。

（1）执行"文件>新建"命令，打开"新建文档"对话框。对话框的顶部展示了多种常见的设计制图的项目类别（也被称为"预设类别"），包括"照片""打印""图稿和插图""Web""移动设备""胶片和视频"6个选项。每个类别下又列举了多种常用的尺寸。

例如，单击"照片"会显示照片的常用尺寸预设。单击选择一个预设后，右侧会出现相应的参数，此时单击"创建"按钮即可完成文件的创建，如图1-23所示。

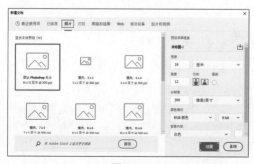

图 1-23

（2）图1-24所示为新创建的文档，由于该文档的背景内容为"白色"，因此文档显示为白色。

图 1-24

（3）不仅可以通过预设创建文档，还可以自定义其尺寸。下面通过新建一个用来制作名片的文档来讲解如何自定义文档的尺寸。

在"新建文档"对话框右侧可以设置文档属性。在顶部输入文档的名称，接着设置尺寸。首先将单位设置为"毫米"，然后将"宽度"设置为90、"高度"设置为54；"分辨率"用来设置文档的分辨率大小，其单位有"像素/英寸"和"像素/厘米"两种，将其设置为"300像素/英寸"；因为名片最后需要印刷，所以应将"颜色模式"设置为"CMYK颜色"。设置完成后单击"创建"按钮，如图1-25所示。

图 1-25

提示:

默认情况下,图像的分辨率越高,印刷的质量就越好。但并不是所有文档都适合高分辨率,一般印刷品的分辨率为150~300dpi(Dots Per Inch,每英寸点数),高档画册的分辨率为350dpi以上,大幅喷绘广告1米以内的分辨率为70~100dpi,巨幅喷绘的分辨率为25dpi,多媒体显示图像的分辨率为72dpi。

用于印刷的文档颜色模式设置为"CMYK颜色";用于在手机、电脑等电子屏幕上显示的文档颜色模式设置为"RGB颜色"。

(4)得到新建的文档,顶部名称栏显示文档的名称和颜色模式,底部显示文档的像素尺寸和分辨率,如图1-26所示。

图 1-26

1.3.2 重新设置文件尺寸

文档新建完成后,可以使用"画布大小"命令对文件尺寸进行修改。

执行"图像>画布大小"命令,在"画布大小"对话框中输入新的"宽度"和"高度",注意单位的设置,最后单击"确定"按钮,如图1-27所示。

图 1-27

如果输入的数值较之前的数值小,那么文件会被裁切掉一部分。如果输入的数值大于之前的数值,则会在文件四周增添空白区域。

如果勾选"相对"复选框,则输入的数值是相对于之前数值增大或减小的数量。正数为增大画面区域,负数为减小画面区域。

1.3.3 向文件中添加素材

在Photoshop中,向文件中添加素材的操作称为"置入"。在平面设计中经常会用到素材图片,所以置入操作非常常用。

(1)新建或打开一个文件,然后执行"文件>置入嵌入对象"命令,在弹出的"置入嵌入的对象"对话框中单击选择置入的素材,然后单击"置入"按钮,如图1-28所示。

图 1-28

(2)此时置入的对象带有定界框,在定界框的一角处,光标变为↖形状时,按住鼠标左键拖曳控制点可以调整对象大小;将光标移到定界框以外,光标变为↩形状时,按住鼠标左键拖曳即可旋转对象,如图1-29所示。

图 1-29

(3)如果想要调整对象的位置,则将光标移到定界框内,光标变为▶形状时,按住鼠标左键拖曳,即可移动对象,如图1-30所示。

图 1-30

（4）将置入的素材调整到合适的大小和位置后按Enter键，此时置入操作才算完成。观察"图层"面板，该图层缩览图右下角带有![]图标，表示该图层为智能图层，如图1-31所示。

图 1-31

（5）对智能图层不能进行擦除、绘制等操作，需要将其转换为普通图层，这个操作称为"栅格化"。选择智能图层后，单击鼠标右键，执行"栅格化图层"命令，即可将其转换为普通图层，如图1-32所示。

图 1-32

提示：

　　这里也可以执行"图层>栅格化"命令，在子菜单中选择栅格化对象。

（6）还有另外一种简单、实用的置入对象的方法：在文件夹中找到要置入的对象，将其向画布中拖曳，释放鼠标左键即可将其置入，如图1-33所示。

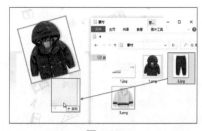

图 1-33

（7）也可以同时将多个对象拖曳到画布中，然后逐一调整对象的大小和位置，如图1-34所示。

图 1-34

1.3.4 设置文件的颜色模式

　　除了可以在"新建文档"对话框中选择"颜色模式"外，也可以更改已有文档的颜色模式。执行"图像>模式"命令，在子菜单中选择需要更改的颜色模式即可，如图1-35所示。

图 1-35

1.3.5 存储文件

　　图像编辑完成后，"存储"是至关重要的一个步骤。

（1）执行"文件>存储"命令或者按Ctrl+S组合键，如果是第一次保存，那么会弹出"存储为"对话框，在该对话框中可以选择保存的位置，随后设置"文件名"和"保存类型"。单击"保存类型"下拉按钮，在下拉列表中可以看到多种文件格式，常用的包括PSD、JPEG、PNG和TIFF格式，如图1-36所示。

图 1-36

提示：

　　PSD格式：PSD格式是Photoshop的默认存储格式，能够保存所有的图层、通道、参考线等信息。PSD格式可以方便用户进行后续的修改和处理。

　　GIF格式：GIF格式是一种支持动画和透明背景的格式，它适用于动态图像、简单图形和动画图标等。但它的颜色数较少，不适合用来保存色彩丰富、细节丰富的图像。

　　JPEG格式：JPEG格式是最常用的图像文件有损压缩格式，在绝大多数的图形处理软件中都可以打开。通常，在保存为PSD格式后，还会保存一份JPEG格式的文件作为预览图。

　　PNG格式：PNG格式是一种支持透明背景的无损压缩格式，它可以保留图像的细节、颜色和透明度，常用来存储带有透明区域的图像。

　　TIFF格式：TIFF格式是一种多功能的无损压缩格式，支持图层、透明度、Alpha通道、文本、路径等多种特性。它通常用于打印、出版、摄影等需要高精度和高质量图像的领域。

（2）每次执行"存储"命令后，新的操作会覆盖上次保存的操作。为了避免软件或硬件故障导致工作内容丢失，用户在制图过程中应养成经常存储的习惯。

（3）执行"文件>存储为"命令，在打开的"存储为"对话框中可以将文件另存一份。

（4）执行"文件>存储副本"命令，在打开的"存储副本"对话框中可以将文件保存为副本。

提示：

　　在"存储为"对话框中选择存储格式时，会遇到格式选项较少的情况，如图1-37所示。此时可以单击"存储副本"按钮切换到"存储副本"对话框，在该对话框中选择格式。

图 1-37

1.3.6 还原操作

　　在使用Photoshop处理图像或者设计制图的过程中，遇到错误操作可以非常轻松地"挽回"。

　　执行"编辑>还原"命令（按Ctrl+ Z组合键），可以撤销最近的一次操作，再次执行该命令可以继续进行撤销操作。

　　执行"编辑>重做"命令（按Shift+ Ctrl+Z组合键）可以恢复被后退的操作。

　　执行"窗口>历史记录"命令，可以打开"历史记录"面板，从中看到最近进行的操作。单击某一个条目，可使文档回到该操作对应的画面效果，如图1-38所示。单击顶部的图像缩览图，可使文档回到打开时的状态。

图 1-38

1.3.7 实操：图像展示页面排版

文件路径：资源包\案例文件\第1章 基础操作\实操：图像展示页面排

案例效果如图1-39所示。

图 1-39

1. 项目诉求

本案例需要制作一幅图像展示页面，展示内容为两幅图像，且一主一次展示。

2. 设计思路

既然页面以图像展示为主，背景部分就不要喧宾夺主了，采用单色或简单的渐变色较为适宜。两幅图像一主一次地展示，可选方式较多。例如，通过图像大小的差异，以及前后顺序、图像明暗和透明程度都可以使图像产生主次之分。本案例主要使用"打开"命令打开背景图，并通过"置入嵌入对象"命令置入两幅图像。

3. 配色方案

本案例采用了对比色搭配，背景色为紫色调，前景主图则以黄色为主，两者之间形成鲜明的对比，强烈的视觉反差给观者带来活力满满的体验。本案例的配色如图1-40所示。

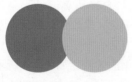

图 1-40

4. 项目实战

操作步骤：

（1）执行"文件>打开"命令，在弹出的"打开"对话框中单击选择素材1，然后单击"打开"按钮，如图1-41所示。

图 1-41

（2）背景图像在软件中打开，如图1-42所示。

图 1-42

（3）执行"文件>置入嵌入对象"命令，在弹出的"置入嵌入的对象"对话框中单击选择素材2，接着单击"置入"按钮，即可向画面中添加素材，如图1-43所示。

图 1-43

（4）此时素材2出现在画布中，拖曳图像角点的控制点对其进行旋转。旋转完成后按Enter键确认，如图1-44所示。

图 1-44

Photoshop 2022 平面设计案例教程（全彩慕课版）

（5）用同样的方法将另外一幅图像置入画布内。案例完成效果如图1-45所示。

图 1-45

（6）按Ctrl+S组合键保存文件。因为是首次保存，所以弹出"存储为"对话框，在该对话框中选择合适的保存位置，在"文件名"文本框中输入合适的文件名称，设置"保存类型"为PSD格式，单击"保存"按钮，如图1-46所示。

图 1-46

（7）在弹出的对话框中勾选"最大兼容"复选框，然后单击"确定"按钮，如图1-47所示。

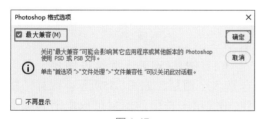

图 1-47

提示：

在对话框的左下角勾选"不再显示"复选框，在以后的保存中将不会显示该对话框。

（8）这里保存一份JPEG格式的文件作

为预览图。执行"文件>存储副本"命令，在弹出的"存储副本"对话框中将"保存类型"设置为JPEG，然后单击"保存"按钮，如图1-48所示。

图 1-48

（9）在弹出的"JPEG选项"对话框中选择保存图片的"品质"，"品质"越高，图像的清晰度就越高，接着单击"确定"按钮，如图1-49所示。

图 1-49

（10）找到文件保存的位置，可以看到两种格式的文件，如图1-50所示。

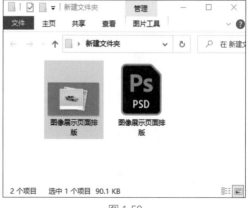

图 1-50

11

1.4 图层的基本操作

在Photoshop中，图层是图像的重要组成部分。可以将图层视为透明玻璃板，每层透明玻璃板上包含不同的内容，重叠在一起形成整个画面，如图1-51所示

图 1-51

Photoshop中每个图层都可以独立编辑，而不影响其他图层的内容。图层可以随意移动、调整大小、旋转、剪裁和堆叠。在图层上应用不同的混合模式和透明度设置，可以改变图层及其下面图层之间的交互关系。还可以使用图层蒙版来隐藏、显示和限制图层的区域。

1.4.1 认识"图层"面板

通常，新创建的文件只包括一个背景图层，此时可以添加新的图层来构建复杂的图像。每个图层都可以包含不同的图像元素、文本、形状等内容，以及各种图层样式和特效。

文档中的图层可以通过"图层"面板（见图1-52）来管理。默认情况下，"图层"面板位于工作界面右下方，还可以执行"窗口>图层"命令打开"图层"面板。

图 1-52

1.4.2 图层的基本操作

在"图层"面板中可以进行图层的选择、新建、删除操作，还可以进行改变图层顺序、调整混合模式、调整透明度、添加图层样式、添加图层蒙版等操作。

（1）在进行编辑操作之前，首先需要选中相应的图层。在"图层"面板中的图层名称上单击即可将该图层选中。选中图层后，选择工具箱中的"移动工具" ，按住鼠标左键拖曳即可调整所选图层的顺序，如图1-53所示。

图 1-53

> 提示：
>
> 选择"移动工具"后，勾选"自动选择"复选框，设置对象为"图层"，接着在画面中单击，单击位置的图层将被选中，如图1-54所示。
>
>
>
> 图 1-54

（2）按住Ctrl键连续单击图层，可以选择多个图层，如图1-55所示。同样，按住Ctrl键单击选中的图层可以取消其选中状态。

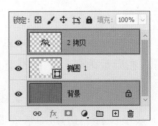

图 1-55

Photoshop 2022 平面设计案例教程（全彩慕课版）

（3）在画布中创建新的内容时，可以新建一个空白图层，以免影响其他图层中的内容。在"图层"面板底部单击"创建新图层"按钮，即可在当前图层的上一层新建一个图层，如图1-56所示。

图 1-56

（4）选中图层，单击"图层"面板底部的"删除图层"按钮⑪，如图1-57所示。此时会弹出一个对话框，单击"是"按钮即可删除该图层，按Delete键也可删除所选图层。

图 1-57

（5）选中一个图层，按Ctrl+J组合键可以快速复制该图层，如图1-58所示。

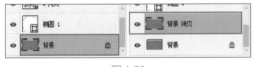

图 1-58

提示：

　　此时如果画面中包含选区，则会快速将选区中的内容复制为独立图层。

（6）在"图层"面板中，排列靠上的图层会优先显示，排列在下方的图层会被上面图层的内容遮盖住。选中需要调整顺序的图层，按住鼠标左键将其向上或向下拖曳，如图1-59所示。

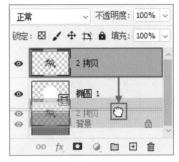

图 1-59

注意，调整图层顺序会影响画面的效果。此时画面的效果如图1-60所示。

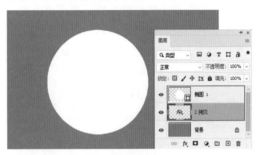

图 1-60

（7）单击图层缩览图左侧的◉按钮可切换图层显示或隐藏。◉表示显示，☐表示隐藏。如图1-61所示。

图 1-61

提示：

　　按住Alt键单击◉按钮，可以只显示当前图层。

（8）如果想同时移动或同时自由变换多个图层，则可以将多个图层"链接"。按住Ctrl键单击选中多个图层，然后单击"图层"面板底部的"链接"按钮 ∞ ，被链接的图层右边会显示链接图标∞。再次单击该按钮可解除链接。如图1-62所示。

图 1-62

提示:

要将多个图层放在一个"图层组"中,可以在选中这些图层后,将这些图层拖曳到"图层"面板底部的"创建新组"按钮 □ 上,也可直接按Ctrl+G组合键。

1.4.3 合并多个图层

选中两个及以上图层,执行"图层>合并图层"命令或者按Ctrl+E组合键,即可将这几个图层合并为一个图层,如图1-63所示。

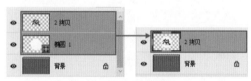

图 1-63

"盖印"是一个比较特殊的图层合并方法,它可以将多个图层中的内容合并到一个新图层中,同时保持原图层完好无损。选中需要盖印的多个图层,按Ctrl+Alt+E组合键可以将这些图层盖印到一个新图层中,且图层原有的内容保持不变,如图1-64所示。

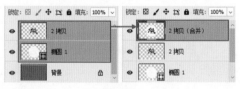

图 1-64

1.4.4 对齐与分布

在平面设计中经常需要将画面中的元素排列整齐,要实现这种效果就需要使这些元素处于不同的图层,然后利用"对齐与分布"功能完成。

(1)选中多个需要整齐排列的图层,选择工具箱中的"移动工具",在选项栏中可以看到用来对齐的按钮,单击"垂直居中对齐"按钮 ᅪ,此时图层中的内容将以图形垂直水平线方式对齐,如图1-65所示。

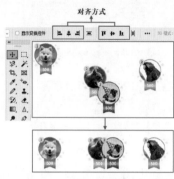

图 1-65

(2)利用"分布"功能将图层内容调整为等距。在选中图层的状态下,单击选项栏中的"水平分布" ᅪ,图层之间将具有相同的横向间距,如图1-66所示。

图 1-66

1.4.5 自由变换

自由变换可以对图层内容进行缩放、旋转、斜切、扭曲、透视、变形、翻转等操作,也可以对路径对象进行以上绝大多数操作。

(1)对图层内容进行自由变换之前需要选中图层,如图1-67所示。

图 1-67

（2）执行"编辑>自由变换"命令或者按Ctrl+T组合键，显示定界框，并激活选项栏中的"保持长宽比"选项 ∞（激活后可以等比例变换对象），将光标移动到控制点上，此时光标显示为 ↖ 形状，按住鼠标左键拖曳可以进行缩放操作，如图1-68所示。

图 1-68

提示：

取消激活"保持长宽比"选项后，拖曳控制点可以进行不等比例的缩放。在变换过程中，按住Shift键可切换长宽比的锁定状态。

（3）将光标移动到4个角的控制点外部，光标变为弧形的双箭头 ↶ 形状时，按住鼠标左键拖曳进行旋转操作，如图1-69所示。

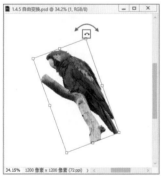

图 1-69

提示：

"参考点"也称为"中心点"，默认情况下位于对象的中心位置，用来定义对象的变换中心。勾选选项栏中的"切换参考点"复选框 即可显示参考点，如图1-70所示。中心点的位置不同，旋转得到的效果也会有很大的区别。

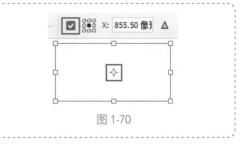

图 1-70

（4）"斜切"可以使图像沿垂直或水平方向倾斜。在自由变换状态下单击鼠标右键，执行"斜切"命令，拖曳中间的控制点可以看到图像沿控制点的单一方向倾斜，如图1-71所示。

图 1-71

（5）"扭曲"可以将图像向各个方向伸展。在自由变换状态下单击鼠标右键，执行"扭曲"命令，拖曳控制点可使图像产生扭曲效果，如图1-72所示。

图 1-72

（6）"透视"可以制作透视效果。在自由变换状态下单击鼠标右键，执行"透视"命令，拖曳控制点可进行水平或垂直方向的单点透视变形，如图1-73所示。

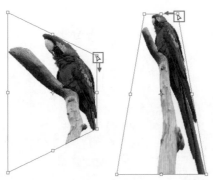

图 1-73

（7）"变形"可以将图像任意变形。在自由变换状态下单击鼠标右键，执行"变形"命令，拖曳网格线或控制点可使图像产生自由变形效果，如图1-74所示。

图 1-74

（8）在选项栏中单击"变形"下拉按钮，在下拉列表中可以选择预设的变形方式，如图1-75所示。

图 1-75

（9）这里选择"扇形"，在选项栏中还可以通过更改参数来调整图像的变形效果，如图1-76所示。

图 1-76

1.4.6 多图层的融合

在默认情况下，上层图层会遮挡下层图层。同时显示上层图层和下层图层的内容有两种方式：设置混合模式和降低不透明度。

图层的混合模式用于控制该图层如何与下层图层合成。改变混合模式，可以使上层图层的像素与下层图层的像素以不同的方式混合，从而产生不同的效果。对不同的图层使用不同的混合模式可以轻松制作出许多奇特的效果。

（1）为了清晰地展现效果，当前文档中包含两个颜色差异较大的图层，如图1-77所示。

图 1-77

（2）"不透明度"选项用于设置图层的不透明度效果。不透明度为100%时为完全不透明，会完全遮挡下层图层内容；不透明度小于100%时会产生透明效果。在"图层"面板中选中图层，将不透明度设置为50%，如图1-78所示。

图 1-78

Photoshop 2022 平面设计案例教程（全彩慕课版）

（3）上层的图层产生半透明效果，如图1-79所示。

图 1-79

（4）混合模式的设置方法也很简单。首先选中图层，图层默认没有任何混合模式，所以混合模式显示为"正常"。单击混合模式下拉按钮，打开混合模式列表，如图1-80所示。

图 1-80

（5）这里设置混合模式为"正片叠底"，效果如图1-81所示。

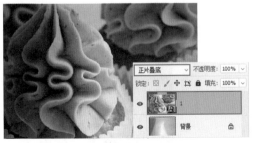

图 1-81

提示：

在混合模式下拉列表中滚动鼠标滚轮，可以快速切换混合模式。

（6）混合模式的种类有很多，虽然不需要死记硬背每一种混合模式的效果，但是需要熟悉混合模式的常见使用思路。例如，可以通过混合模式进行调色。图1-82所示为一张颜色明度过高的照片，曝光过度，画面细节缺失。

图 1-82

（7）按Ctrl+J组合键将图层复制一份，将混合模式设置为"正片叠底"，此时画面颜色明度降低，曝光过度的问题得以纠正，细节也变得丰富，如图1-83所示。

图 1-83

（8）将设置了混合模式的图层再复制一份，效果得以强化，如图1-84所示。

图 1-84

（9）同理，使用该方法还可矫正偏灰的图像。为对比度较低的图像多次使用"强光"混合模式进行原图层的混合，可以增强画面的对比度，使画面更具视觉冲击力，如图1-85所示。

图 1-85

（10）使用该方法还可以制作双重曝光效果。将上层图层的混合模式设置为"正片叠底"，浅色部分被过滤掉，保留深色部分与下层图层内容混合。设置"正片叠底"混合模式前后的效果分别如图1-86和图1-87所示。

图 1-86

图 1-87

（11）从网络上下载的光效、星空的图像大多是深色背景。将混合模式设置为"滤色"，可以在不抠图的情况下将光效、星空混合到图像中。设置"滤色"混合模式前后的效果分别如图1-88和图1-89所示。

图 1-88

图 1-89

（12）使用该方法还可更改图像的色相。在需要调色的图层上新建图层，填充纯色或者渐变色，然后更改混合模式为"色相"，图像的颜色自然会发生变化。设置"色相"混合模式前后的效果分别如图1-90和图1-91所示。

图 1-90

图 1-91

1.4.7 实操：制作按钮整齐排列的界面

文件路径：资源包\案例文件\第1章
基础操作\实操：制作按钮整齐排列的界面

案例效果如图1-92所示。

图 1-92

1. 项目诉求

本案例需要将手机界面中的按钮排列整齐。

2. 设计思路

本案例已提供手机界面的背景图和4个按钮素材，需要使用"对齐与分布"功能使4个按钮整齐排列，以便得到规整的界面。

3. 配色方案

整个手机界面中的元素并不多，主要包括背景图和底部的4个按钮。由于界面中经常需要展示多种颜色的App图标，因此背景图不宜过于杂乱。本案例使用的背景图整体明度较低，色调也较为统一，系统文字和小图标均使用了白色。在此基础上，界面中出现其他颜色的图标也不会显得过于杂乱。本案例的配色如图1-93所示。

图 1-93

4. 项目实战

操作步骤：

（1）执行"文件>打开"命令，在弹出的"打开"对话框中选择"1.jpg"，然后单击"打开"按钮，将"1.jpg"打开，如图1-94所示。

图 1-94

（2）打开"素材"文件夹，按住Ctrl键选择素材2～素材5，按住鼠标左键将它们向画布中拖曳，如图1-95所示。

图 1-95

（3）拖曳到画布中后释放鼠标左键，因为同时置入了4个素材，所以需要按4次Enter键完成置入操作。选择工具箱中的"移动工具"，勾选选项栏中的"自动选择：图层"复选框，单击选中各按钮，然后将它们分别调整到界面底部，摆放到合适的位置，如图1-96所示。

图 1-96

提示：

调整完按钮的位置后需要取消勾选"自动选择：图层"复选框，以免误操作。

（4）在"图层"面板中按住Ctrl键单击选中4个按钮图层，然后单击工具箱中的"移动工具"，再单击选项栏中的"垂直居中对齐"按钮，如图1-97所示。

图 1-97

（5）单击选项栏中的 ··· 按钮，在下拉面板中单击"水平居中分布"按钮 ⊪，如图1-98所示。

图 1-98

（6）案例完成，效果如图1-99所示。

图 1-99

1.5 调整图像大小及方向

1.5.1 调整图像大小

通过"图像大小"命令可以更改图像的尺寸和分辨率。

（1）打开一张图像，执行"图像>图像大小"命令，在"图像大小"对话框中可以查看当前图像的尺寸，如图1-100所示。

图 1-100

提示：

该命令与"画布大小"命令不同，通过"画布大小"命令增大画布尺寸，超出原图的区域会填充为背景色。而通过"图像大小"命令增大画布尺寸，则是直接将原图内容拉大，不会产生空缺区域。

（2）要调整图像的尺寸，可直接更改宽度或高度数值。在"约束长宽比"选项 ⑧ 激活的状态下，输入新的宽度或高度数值，另外一项也会发生相应的变化。设置完成后单击"确定"按钮，如图1-101所示。

图 1-101

提示：

对于一张分辨率较低的图像，即使在"图像大小"对话框中将"分辨率"数值增大，模糊的画面也不会变得清晰。因为软件只能在原始数据的基础上调整，而无法生成新的数据。

1.5.2 旋转图像

通过"图像旋转"命令可以旋转图像。

（1）执行"图像>图像旋转"命令，在子菜单中可以选择旋转的角度，如图1-102所示。

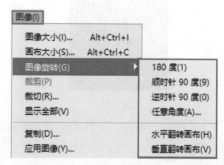

图 1-102

（2）执行"图像>图像旋转>任意角度"命令，在弹出的"旋转画布"对话框中输入特定的旋转角度，单击"确定"按钮，如图1-103所示。

图 1-103

1.5.3 裁切图像

对于已有图像的使用范围可以使用"裁剪工具"进行调整。使用"裁剪工具"可以随意裁剪图像，也可以将图像裁剪为特定尺寸、特定比例。

（1）打开图像，单击工具箱中的"裁剪工具" ，此时图像边缘显示控制点，拖曳控制点调整控制框大小，然后按Enter键或单击选项栏中的 ✔ 按钮完成裁剪，如图1-104所示。

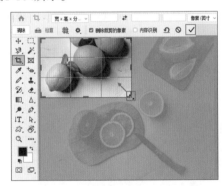

图 1-104

（2）要将图像裁剪为特定尺寸，可以在选项栏中将约束方式设置为"宽×高×分辨率"，然后输入宽度、高度和分辨率的数值，最后按Enter键，如图1-105所示。

（3）选择预设的比例可将图像裁剪为特定比例。例如，选择1∶1（方形），此时裁剪框的比例固定为1∶1，无论如何拖曳控制点，裁剪框都保持等比例，如图1-106所示。

图 1-105

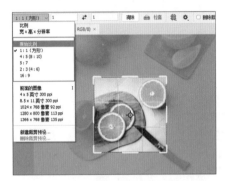

图 1-106

提示：

　　单击选项栏中的 清除 按钮可删除设置的尺寸和比例。

（4）通过"拉直"功能可以矫正倾斜的图像。单击选项栏中的"拉直"按钮 ，沿着倾斜的方向拖曳鼠标，如图1-107所示。随后画面会按照这条线的偏移角度得到校正，如图1-108所示。

图 1-107

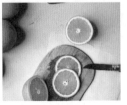

图 1-108

1.6 在 Photoshop 中打印图像

设计稿件制作完成后，经常需要打印出来。执行"文件>打印"命令，打开"Photoshop打印设置"对话框。在该对话框中可以选择需要使用的打印机，设置打印份数、版面方向等。

这里需要注意打印的"位置和大小"选项组的参数设置。如果想将图像居中打印，则勾选"居中"复选框；如果图像过大，则使用该方式可能造成图像打印不完整的情况，这时可在下方勾选"缩放以适合介质"复选框。设置完成后单击"打印"按钮进行打印，如图1-109所示。

图 1-109

1.7 扩展练习：名片展示效果

文件路径：资源包\案例文件\第1章基础操作\扩展练习：名片展示效果

案例效果如图1-110所示。

图 1-110

1. 项目诉求

本案例需要将制作好的名片平面设计稿以较为直观的方式展现在客户面前。展示方式不限，效果美观即可。

2. 设计思路

常见的名片展示效果有很多种，如可以直接在画布中平放展示名片的正反面，也可以将名片贴合到真实场景的图像中。本案例将名片复制出多份，以整齐排列的形式呈现在画布中，形成较为强烈的视觉冲击力。

3. 配色方案

名片整体以深青色为主。为了突出显示作为主体物的名片，需要将背景色与主体物拉开层次。本案例中的背景色选择了名片中少量出现的灰金色调，背景色与主体物相呼应的同时，也在明度和色相上拉开了层次。本案例的配色如图1-111所示。

图 1-111

4. 项目实战

操作步骤：

（1）执行"文件>打开"命令，选择素材文件夹中的背景素材"3.jpg"，单击"打开"按钮，将背景素材在软件中打开，如图1-112所示。

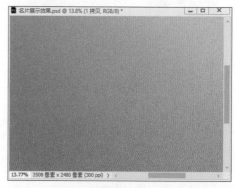

图 1-112

（2）执行"文件>置入嵌入对象"命令，在打开的对话框中选择素材"1.png"，单击"置入"按钮，如图1-113所示。

Photoshop 2022 平面设计案例教程（全彩慕课版）

图 1-113

（3）将置入的素材移动到画布左上角，按Enter键。在"图层"面板中选中素材"1.png"的图层，单击鼠标右键，执行"栅格化图层"命令，如图1-114所示。

图 1-114

（4）将智能图层转换为普通图层，如图1-115所示。

图 1-115

（5）继续将素材2"2.png"置入画布内，并将图层栅格化。按住Ctrl键，在"图层"面板中单击选中两个名片图层，选择工具箱中的"移动工具" ，单击选项栏中的"顶对齐"按钮 进行顶对齐，如图1-116所示。

图 1-116

（6）在图层选中的状态下，按Ctrl+J组合键将图层复制一份，如图1-117所示。

图 1-117

（7）使用"移动工具"将复制得到的图层向右拖曳，如图1-118所示。

图 1-118

（8）按住Ctrl键的同时，在"图层"面板中单击选中4个名片图层，然后单击"图层"面板底部的"创建新组"按钮 ，将图1-119所示的所选图层编组。

图 1-119

（9）选中图层组"组1"，按Ctrl+J组合键将其复制一份。然后选中刚才复制得到的图层组，将其向左下方拖曳，如图1-120所示。

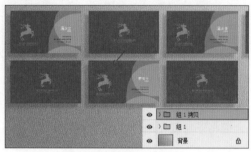

图 1-120

（10）按住Ctrl键选中两个图层组，按Ctrl+J组合键将图层组复制一份，然后将其垂直向下拖曳，如图1-121所示。

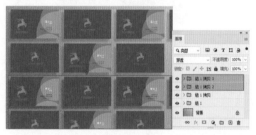

图 1-121

（11）加选4个图层组，按Ctrl+G组合键进行编组。选中该图层组，按Ctrl+T组合键，将光标移到一角的外侧，拖曳控制点对名片进行旋转，如图1-122所示。

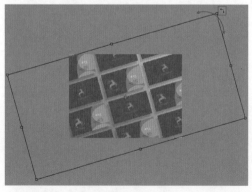

图 1-122

（12）单击鼠标右键，执行"扭曲"命令，拖曳控制点对名片进行扭曲，使其产生透视效果，如图1-123所示。

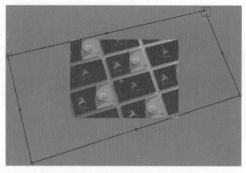

图 1-123

（13）变形完成后，按Enter键确认变换操作。案例完成后的效果如图1-124所示。

图 1-124

1.8 课后习题

一、选择题

1. Photoshop中的"存储为"功能会在保存文件时将文件转换为另一种格式，如JPEG、PNG或TIFF。在保存为JPEG格式时，应注意以下哪项？（　　）
   A. JPEG格式不支持透明度
   B. JPEG格式可以保存多个图层
   C. JPEG格式支持多通道颜色模式
   D. JPEG格式可以保存为动画文件格式

Photoshop 2022 平面设计案例教程（全彩慕课版）

2. 在Photoshop中，如何查看图像的像素尺寸？（　　）

A．在图层选项中查看

B．在"图像大小"对话框中查看

C．在"通道"面板中查看

D．双击图层以打开图层属性

3. 在Photoshop中，按（　　）组合键可以撤销前一步操作。

A．Ctrl + Z

B．Ctrl + S

C．Ctrl + X

D．Ctrl + C

二、填空题

1. 想要将多个图层组合为一个图层，就要选择所有需要组合的图层，然后按（　　　　）组合键。

2. 存储文件时，想要保留文档中的透明区域，需要选择的保存类型为（　　　）。

三、判断题

1. 如果一个图层的不透明度被设置为0%，那么这个图层将完全透明。　　　　　（　　）

2. 如果一个图层被锁定透明度 ⊠ ，那么将不能对其进行对齐与分布的操作。　　　（　　）

课后实战

● 简单的图像排版

任意选择3张主题一致的图像，运用本章所学的知识进行简单排版，版面形式不限。版面尺寸为A4，横版、竖版均可，图像素材不限。

第2章

绘图

Photoshop 是一款强大的图像处理软件，同时也提供了丰富的绘图功能。Photoshop 中包括像素绘图和矢量绘图两种方式。像素绘图可以使用"画笔工具"绘制，使用"橡皮擦工具"擦除；也可以先绘制一个选区，再给选区填充颜色、渐变或图案。矢量绘图依托于路径，可以使用"形状工具组"绘制常见的几何图形，也可以使用"钢笔工具"绘制复杂且精确的图形。

本章要点

能力目标

❖ 熟练设置颜色

❖ 熟练使用渐变工具

❖ 熟练绘制选区

❖ 熟练使用"画笔工具"和"橡皮擦工具"

❖ 熟练绘制常见的几何图形

❖ 掌握使用"钢笔工具"绘图的方法

2.1 前景色与背景色

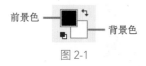

绘图的第一步是设置颜色。在Photoshop中的工具箱底部可以看到编辑颜色的控件，包括"前景色"按钮（左上角）、"背景色"按钮、"切换前景色和背景色"按钮↰和"默认前景色和背景色"按钮▣，如图2-1所示。

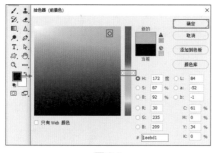

前景色 ⟶ ◻ ⟵ 背景色

图 2-1

2.1.1 设置前/背景色

前景色使用的频率较高，例如在使用画笔绘画、填充画面或选区内部时。背景色的使用情况并不多，主要用于填补被擦除的区域，或在使用"渐变工具"及某些滤镜的时候。

默认情况下，前景色为黑色，背景色为白色。

（1）单击"前景色"按钮可以打开"拾色器"对话框，上下拖曳 ◁▦▷ 滑块可以选择合适的色相，然后在色域中单击选择颜色，设置完成后单击"确定"按钮，如图2-2所示。

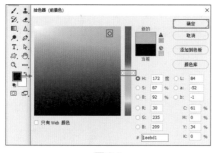

图 2-2

（2）设置完成后，"前景色"按钮的颜色会变成所选的颜色，按Alt+Delete组合键即可将前景色填充到所选的图层中，如图2-3所示。

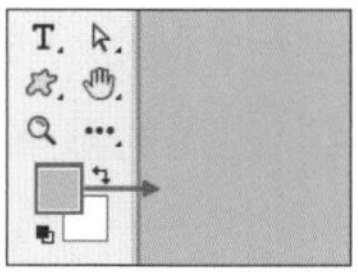

图 2-3

（3）背景色的设置方法与前景色的设置方法相同。设置完成后，按Ctrl+Delete组合键即可将设置的背景色填充到所选的图层中，如图2-4所示。

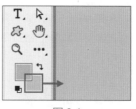

图 2-4

提示：

单击↰按钮，可以将前景色和背景色互换（快捷键为X键）；单击▣图标，可以恢复默认的前景色和背景色（快捷键为D键）。

2.1.2 使用"颜色"面板

"颜色"面板也可以用于进行前景色和背景色的设置。和"拾色器"对话框相比，"颜色"面板可以一直显示在面板区域，以便用户随时使用。

（1）执行"窗口>颜色"命令，打开"颜色"面板，在其中单击"前景色"按钮，拖曳滑块选择色相，然后在色域中选择颜色，完成前景色的设置，如图2-5所示。

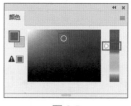

图 2-5

（2）要设置背景色，需要单击"背景色"按钮，然后选择颜色，如图2-6所示。

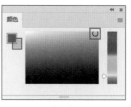

图 2-6

2.1.3 使用"吸管工具"设置颜色

"吸管工具"是一种选取颜色的工具，它可以帮助用户准确地选取某个区域的颜色值，以便在后续的编辑过程中使用。

选择工具箱中的"吸管工具" 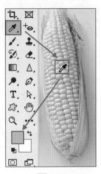，在图像上单击，单击位置的颜色会作为前景色，如图2-7所示。

图 2-7

按住Alt键在图像上单击，可将拾取的颜色作为背景色，如图2-8所示。

图 2-8

2.2 使用软件内置的色彩与图案

在Photoshop中，用户不仅可以手动设置色彩，还可以使用软件内置的色彩、渐变及图案。通过"色板"面板、"渐变"面板和"图案"面板可快速将软件内置的纯色、渐变和图案填充到画面中。

2.2.1 使用"色板"面板、"渐变"面板、"图案"面板填充背景

（1）执行"窗口>色板"命令，打开"色板"面板。其中包括多个颜色组，展开颜色组后单击即可选择颜色，如图2-9所示。如果当前在"颜色"面板中处于设置前景色的状态，那么此时选择的颜色将会被设置为前景色。

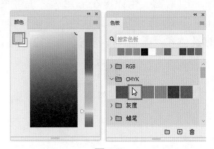

图 2-9

（2）将光标移动到色块上，按住鼠标左键将色块向画面中拖曳，释放鼠标左键就可以在画面中填充该颜色，如图2-10所示。

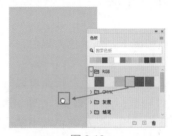

图 2-10

（3）执行"窗口>渐变"命令，打开"渐变"面板。在这里可以看到多种渐变色，也可以通过拖曳色块的方法在画面中填充渐变，如图2-11所示。

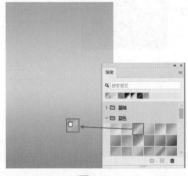

图 2-11

（4）在"渐变"面板中选定某个渐变色后，"渐变工具"使用的渐变色也会跟着发生改变，如图2-12所示。

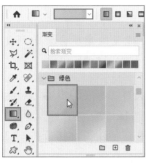

图 2-12

（5）执行"窗口>图案"命令，打开"图案"面板，同样可以通过拖曳图案的方法对其进行填充，如图2-13所示。

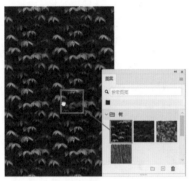

图 2-13

2.2.2 在特定区域内填充

无论是填充纯色、渐变还是图案，如果画面中没有选区，那么填充的范围都为整个画面；如果画面中存在选区，则填充的部分只出现在选区内部。

（1）选择工具箱中的"椭圆选框工具"，在画面中按住鼠标左键拖曳绘制选区，如图2-14所示。

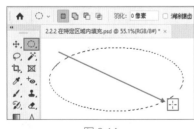

图 2-14

（2）随后无论是填充前景色/背景色，还是通过"色板""渐变""图案"面板填充，填充的内容都只显示在选区内，如图2-15所示。

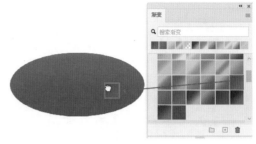

图 2-15

（3）通过"色板""渐变""图案"面板填充后，会自动新建一个带有图层蒙版的填充图层。填充图层和普通图层一样可以进行隐藏和删除，二者的图层蒙版操作方式相同，如图2-16所示（蒙版的内容限制了该图层的显示区域，图层蒙版的相关知识会在"5.2.1图层蒙版"中讲解）。

图 2-16

2.2.3 更换填充的内容

通过"色板""渐变""图案"面板填充画面后，要想更改也很方便。双击填充图层的缩览图，可以重新编辑填充内容。

（1）双击"颜色填充"缩览图，在弹出的"拾色器"对话框中可以进行颜色的编辑操作，如图2-17所示。

图 2-17

（2）双击渐变填充缩览图会弹出"渐变填充"对话框，在该对话框中可以进行渐变、样式、角度等参数的设置，如图2-18所示。

图 2-18

（3）双击图案填充缩览图会弹出"图案填充"对话框，在该对话框中可以重新选择图案，并设置图案的角度、缩放等参数，如图2-19所示。

图 2-19

2.3 渐变工具

渐变色是指两种或两种以上颜色相互过渡的效果。使用"渐变工具"可以进行渐变色的编辑与填充操作。用户可以选择不同类型的渐变，如线性、径向、角度、对称和菱形渐变，并设置渐变的起点、终点的颜色和透明度等属性。

（1）选择工具箱中的"渐变工具" ，单击选项栏中的下拉按钮，在下拉面板中选择一个预设的渐变色。在画面中按住鼠标左键拖曳，释放鼠标左键后即完成渐变色的填充操作，如图2-20所示。

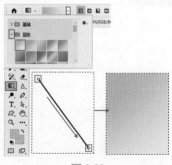

图 2-20

提示：
　　光标拖曳的角度会影响渐变填充的效果。

（2）通过"渐变编辑器"对话框可以编辑颜色。选择"渐变工具" ，单击选项栏中的渐变色按钮，打开"渐变编辑器"对话框，如图2-21所示。

图 2-21

提示：
　　在"渐变编辑器"对话框的上半部分可以选择预设的渐变。在"预设"选项区中展开"基础"渐变组，在"基础"渐变组中可以快速编辑"前景色到背景色渐变""前景色到透明度"和"黑色到白色渐变"，如图2-22所示。

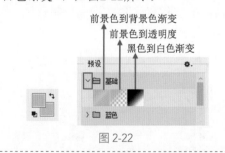

图 2-22

（3）要改变渐变的色彩，需要在对话框的下半部分操作。渐变显示出的色彩是由渐变色下方的色标决定的，双击渐变色下方的色标 ，可以在"拾色器"对话框中更改当前色标的颜色，如图2-23所示。

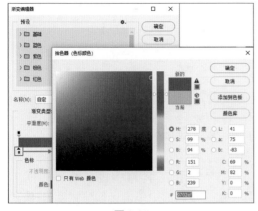

图 2-23

（4）左右拖曳色标 ⬆，可以更改渐变颜色的位置，如图2-24所示。

图 2-24

（5）左右拖曳滑块 ◇，可以更改两种颜色的过渡效果，如图2-25所示。

图 2-25

（6）将光标移动到渐变色下方，光标会变为 ⬆ 形状，此时单击可添加新的色标，如图2-26所示。

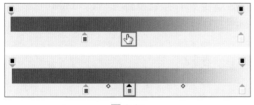

图 2-26

（7）选择色标后向渐变色外拖曳鼠标可将色标删除，如图2-27所示。

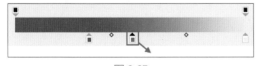

图 2-27

（8）渐变色顶部的色标用于控制透明效果。选中顶部的不透明度色标后，在"不透

明度"数值框内输入数值，可以制作出半透明的渐变效果，如图2-28所示。

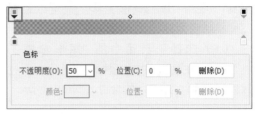

图 2-28

（9）渐变色编辑完成后，还需要在选项栏中选择"渐变类型"，其中包括"线性渐变" ▣、"径向渐变" ▣、"角度渐变" ▣、"对称渐变" ▣ 和"菱形渐变" ▣ 5种类型，如图2-29所示。

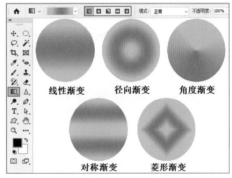

图 2-29

2.4 使用选区

在Photoshop中，"选区"是指通过各种工具或命令选中的图像区域。选区可以是矩形、圆形、文字形状等规则选区或不规则选区。

通过选区可以对图像的局部进行填充、复制、剪切、删除等操作，并可以限定某些操作的作用范围，从而精确地控制图像的处理效果。

创建选区后，被选中的区域会被虚线框围绕，这个选区边框并不是实体的，因而不能打印输出。

2.4.1 建立规则选区

工具箱的第二个工具组"选框工具组"就是用于创建规则选区的工具组。使用"矩形选框工具" ▣ 可以绘制长方形选区和正方形选区；使用"椭圆选框工具" 可以绘制椭圆选区和正圆选区；使用"单行选框工具" 和"单列选框工具" 可以绘制宽度或高度为1像素的线形选区。

（1）选择工具箱中的"矩形选框工具" ，在画面中按住鼠标左键拖曳，释放鼠标左键后即完成选区的绘制，如图2-30所示。

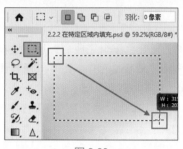

图 2-30

（2）在绘制时按住Shift键并按住鼠标左键拖曳可以绘制正方形选区，如图2-31所示。

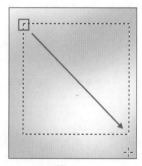

图 2-31

（3）选择工具箱中的"椭圆选框工具" ，按住鼠标左键拖曳可以绘制椭圆选区；在绘制时按住Shift键可以绘制正圆选区，如图2-32所示。

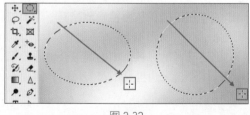

图 2-32

（4）选择工具箱中的"单行选框工具" ，在画面中单击即可绘制高度为1像素的选区，如图2-33所示。

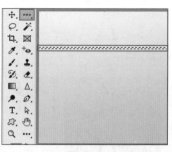

图 2-33

（5）选择工具箱中的"单列选框工具" ，在画面中单击可创建宽度为1像素的选区，如图2-34所示。

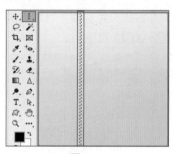

图 2-34

2.4.2 建立不规则选区

使用"套索工具" 可以绘制自由的不规则选区；使用"多边形套索工具" 可以绘制转折较强的选区。

（1）选择工具箱中的"套索工具" ，在画面中按住鼠标左键拖曳进行绘制，绘制到起始位置后释放鼠标左键即可得到选区，如图2-35所示。

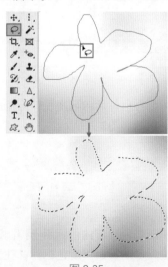

图 2-35

Photoshop 2022 平面设计案例教程（全彩慕课版）

（2）选择套索工具组中的"多边形套索工具"![icon]，在画面中以单击的形式进行绘制，最后在起始位置单击即可得到选区，如图2-36所示。

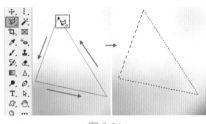

图 2-36

2.4.3 选区的编辑操作

绘制选区后，还可以对选区进行移动、变换、取消、反选等编辑操作。

（1）移动选区的位置不能使用"移动工具"![icon]，而要使用"选区工具"![icon]。例如，先绘制一个选区，然后选择任意一个选框工具，将光标移动到选区内部，按住鼠标左键拖曳即可移动选区，如图2-37所示（移动之前要确保选项栏中的"新选区"按钮![icon]呈按下状态）。

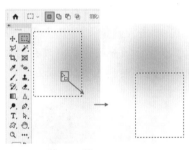

图 2-37

提示：

选区绘制完成后，如果使用"移动工具"![icon]在选区内拖曳，则移动的是选区中的像素，如图2-38所示。

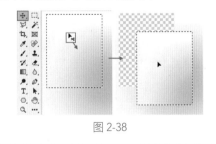

图 2-38

（2）要想去除选区，可以执行"选择>取消选择"命令，或者按Ctrl+D组合键。

（3）执行"选择>全部"命令，或者按Ctrl+A组合键，可绘制出与画面等大的选区。

（4）执行"选择>反向选择"命令，或者按Shift+Ctrl+I组合键，可以将选区反选。

（5）通过"选区运算"可以对选区进行补充或修剪。在"新选区"![icon]模式下，每一次新绘制的选区将替代原来的选区，如图2-39和图2-40所示。

图 2-39　　　　　　　图 2-40

在"添加到选区"![icon]模式下，可以将当前绘制的选区添加到原来的选区中，如图2-41所示。

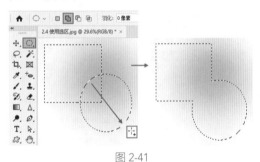

图 2-41

在"从选区减去"![icon]模式下，可以从原来的选区中减去新选区，如图2-42所示。

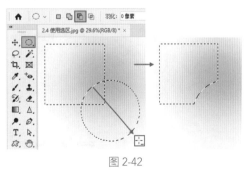

图 2-42

在"与选区交叉" 模式下，可以得到新旧选区交叉的部分，如图2-43所示。

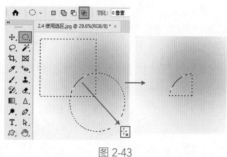

图 2-43

（6）绘制选区后，可以通过"变换选区"命令对选区进行变形。执行"选择>变换选区"命令，或者在选区内单击鼠标右键，执行"变换选区"命令，如图2-44所示。

执行命令后会显示定界框，拖曳控制点可以对选区进行变换，如图2-45所示。变换完成后按Enter键确认（选区的变换与图像的"自由变换"非常相似）。

图 2-44

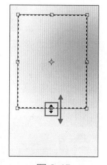
图 2-45

（7）绘制选区后，执行"编辑>描边"命令，在"描边"对话框中可以对描边的"宽度""颜色"和"位置"等属性进行设置，设置好后单击"确定"按钮，如图2-46所示。随后可以沿选区边缘创建带有颜色的轮廓，如图2-47所示。

图 2-46

图 2-47

（8）想要得到某图层的选区，可以按住Ctrl键单击图层缩览图，如图2-48所示。

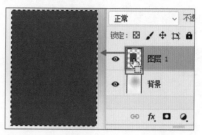

图 2-48

（9）"羽化"命令可以用来调整选区边缘虚化的范围。首先绘制一个选区，执行"选择>修改>羽化"命令，然后在弹出的"羽化选区"对话框中输入"羽化半径"的数值，数值越大，效果越强，如图2-49所示。

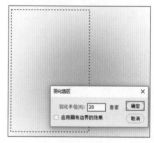

图 2-49

（10）单击"确定"按钮后可以看到选区发生了变化，填充颜色后可以看到选区边缘呈现虚化的效果，如图2-50所示。

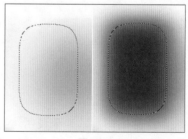

图 2-50

2.4.4 剪切、复制、粘贴、清除选区图像

当画面中被框出某个选区后，可以对选区内的图像进行剪切、复制、粘贴、清除等操作。

（1）绘制一个选区，执行"编辑>剪切"命令或者按Ctrl+X组合键，可以将选区中的

Photoshop 2022 平面设计案例教程（全彩慕课版）

图像剪切到剪贴板上，此时原始位置的图像就消失了。执行"编辑>粘贴"命令或者按Ctrl+V组合键，可以将剪切的图像粘贴到画布中，并且自动生成新的图层，如图2-51所示。

图 2-51

提示：

在Photoshop中，"棋盘格"样式代表"透明度"，棋盘格越清晰，表示透明度越高。

（2）在执行"剪切"操作时，如果选择了背景图层，选区将被背景色填充，如图2-52所示。

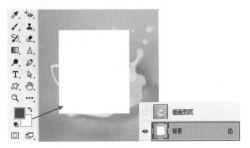

图 2-52

（3）绘制选区后，执行"编辑>拷贝"命令，或按Ctrl+C组合键进行复制，然后按Ctrl+V组合键进行粘贴。此时在"图层"面板中看到生成了一个新的图层，移动图层位置可以查看粘贴的对象，如图2-53所示。

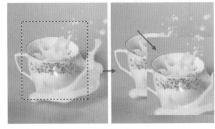

图 2-53

（4）绘制一个选区，按Delete键可以删除选区内的图像，如图2-54所示。

图 2-54

提示：

要删除背景图层中的部分图像需要单击背景图层后的按钮，将背景图层转换为普通图层后进行操作。

2.4.5 **实操：品位护肤品主图**

文件路径：资源包\案例文件\第2章绘图\实操：品位护肤品主图

案例效果如图2-55所示。

图 2-55

1. 项目诉求

本案例需要制作电商平台使用的护肤品产品主图，要求与同类产品的广告有所区分，尽可能展现产品高端、奢华的气质。

2. 设计思路

产品主图为正方形，以金色的圆形图案作为背景将观者的视线集中在产品信息处，然后使其流动到产品上方。这样的设计可以更直观地展示文字信息和产品外观。

3. 配色方案

该作品以深蓝色作为底色，以金色作为辅助色，通过明暗对比让画面产生丰富的层次感。金色的背景与产品的颜色相互呼应，产生互动效果。本案例的配色如图2-56所示。

图 2-56

4. 项目实战

操作步骤：

（1）新建一个800像素×800像素的空白文档，单击工具箱底部的"前景色"按钮，在打开的"拾色器"对话框中设置颜色为深蓝色，如图2-57所示。

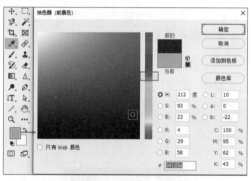

图 2-57

（2）按Alt+Delete组合键进行填充，如图2-58所示。

图 2-58

（3）执行"文件>置入嵌入对象"命令，在弹出的对话框中单击选择光效素材1，然后单击"置入"按钮，再按Enter键，如图2-59所示。

图 2-59

（4）选中"素材1"图层，选择工具箱中的"椭圆选框工具"，在按住Shift键的同时，按住鼠标左键拖曳绘制一个正圆形选区，如图2-60所示。

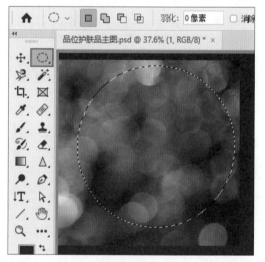

图 2-60

（5）按Ctrl+J组合键将选区中的图像复制到独立图层，然后将素材1"1.jpg"图层隐藏，此时画面效果如图2-61所示。

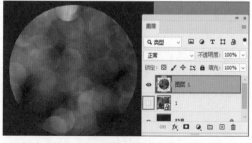

图 2-61

（6）将化妆品素材"2.png"和两个文字素材"3.png""4.png"置入文档中并摆放到合适位置，如图2-62所示。

Photoshop 2022 平面设计案例教程（全彩慕课版）

图 2-62

（7）找到黑色文字所在的图层，按住
Ctrl键单击该图层的缩览图，得到该图层中
图像的选区，如图2-63所示。

图 2-63

（8）选择工具箱中的任意一个选框工
具，单击选项栏中的"新选区"按钮■，将
选区向产品位置拖曳，如图2-64所示。

图 2-64

（9）选中化妆品素材所在的图层，按
Ctrl+J组合键将选区中的图像复制到独立图
层，然后在"图层"面板中将此图层移动到
图层列表的最上方，此时可以查看文字效
果，如图2-65所示。

图 2-65

（10）将带有纹理的文字移动到黑色文
字上方，效果如图2-66所示。

图 2-66

（11）案例完成后的效果如图2-67所示。

图 2-67

2.5 使用画笔绘画

"画笔工具"是一种非常常用的绘图工
具，用于绘制各种图形和线条。用户可以使
用不同的笔刷、颜色、透明度和混合模式等
选项来实现各种绘画效果，还可以配合"画
笔设置"面板绘制复杂的笔触效果，甚至可
以配合手绘板和压感笔进行精细的绘画。

2.5.1 画笔工具

（1）选择工具箱中的"画笔工具" ✓，
设置合适的前景色，在画面中单击可以绘制
点，如图2-68所示。

图 2-68

（2）在画面中按住鼠标左键拖曳可以绘制线条，如图2-69所示。

图 2-69

> 提示：
>
> 　　按住Shift键可绘制水平、垂直或45°的线条。

（3）在"画笔预设"选取器中可以设置画笔的属性。选择"画笔工具"后，单击选项栏中的●按钮，下拉面板中的"大小"用于设置笔尖的大小；"硬度"用于设置画笔边缘的模糊程度，硬度越小，画笔边缘越模糊；在面板下半部分可以选择画笔笔尖，展开画笔组可以看到缩略图，如图2-70所示。

选择画笔笔尖 →

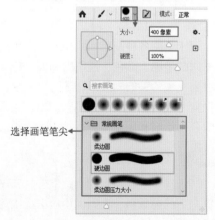

图 2-70

（4）圆形的画笔是比较常用的，通常只需设置画笔的"大小"和"硬度"。"硬度"越大，绘制出的笔触边缘越清晰；"硬度"越小，绘制出的笔触边缘越模糊，如图2-71所示。

硬度100%

硬度0%

图 2-71

（5）除了圆形画笔外，其他画笔组中还有很多不同类型的笔触。选择不同的画笔绘制线条，可以得到不同的笔触，如图2-72所示。

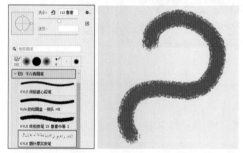

图 2-72

（6）单击"画笔工具"选项栏中的"画笔设置"按钮☑，打开"画笔设置"面板，在这里可以通过参数设置产生不同的绘制效果。在"画笔笔尖形状"选项面板中可以选择合适的笔尖形状，然后设置笔尖"大小"和"硬度"，"间距"用于设置两个画笔笔迹的间距，数值越高，笔迹的间距越大，如图2-73所示。

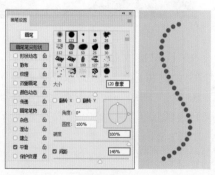

图 2-73

Photoshop 2022 平面设计案例教程（全彩慕课版）

（7）勾选面板左侧的"形状动态"复选项（见图2-74），在"形状动态"选项面板中可以设置参数绘制出带有不同大小、不同角度、不同圆度笔触效果的线条，如图2-75所示。

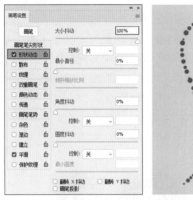 

图 2-74　　　　　　图 2-75

（8）在"散布"选项面板中可以设置描边中笔迹的"数量"和"数量抖动"，使画笔笔迹沿着绘制的线条扩散，如图2-76所示。

图 2-76

（9）设置完成后，在画面中可以绘制出分散的笔触，如图2-77所示。

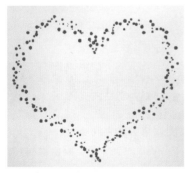

图 2-77

（10）"模式"是指当前绘制的颜色与图层原本颜色之间的混合模式。在已有内容的图层上使用"正常"模式绘制，画笔的颜色

会完全覆盖图像内容。使用其他模式绘制，画笔的颜色会与图像内容产生混合的效果，如图2-78所示。

图 2-78

（11）画笔的"不透明度"是比较常用的参数，降低"不透明度"可以绘制出半透明的笔触，如图2-79所示。

图 2-79

（12）要绘制出平滑的线条，可以将选项栏中的"平滑" 平滑: 10% 调大，效果如图2-80所示。

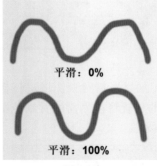

平滑: 0%

平滑: 100%

图 2-80

（13）单击工具选项栏中的"设置画笔对称选项"按钮 ，在列表中选择一种对称方式，可以轻松绘制出对称的图形，如图2-81所示。

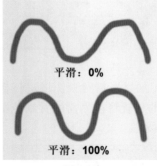

图 2-81

2.5.2 橡皮擦工具

"橡皮擦工具"类似于现实生活中使用的橡皮擦。使用它在图像上进行涂抹，会使图像中的某些部分变得透明或消失。

"橡皮擦工具"选项栏的参数与"画笔工具"选项栏的参数非常相似，两者的使用方法也基本相同，只不过起到的作用相反。

（1）选择一个普通图层，再选择工具箱中的"橡皮擦工具" ，在选项栏中设置合适的笔尖大小，然后在画面中按住鼠标左键拖曳进行擦除。擦除后的区域会变为透明，或显示出下一图层中的内容，如图2-82所示。

图 2-82

（2）如果选择背景图层进行擦除，则被擦除的位置将被当前的背景色覆盖，如图2-83所示。

图 2-83

2.5.3 图案图章工具

"画笔工具"可以在画面中绘制色彩，而"图案图章工具"则可以在画面中绘制图案。

（1）单击图章工具组中的"图案图章工具"，在选项栏中设置画笔大小、不透明度等参数，这些参数的设置与"画笔工具"相同。其区别在于接下来需要先在图案列表中选择一个图案，然后在画面中绘制出带有图案的笔触，如图2-84所示。

图 2-84

（2）勾选"印象派效果"复选项后，图案原本的细节会变为类似绘画中的笔触效果，如图2-85所示。

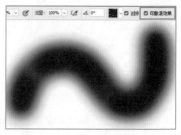

图 2-85

2.5.4 实操：使用画笔及混合模式制作梦幻风景

文件路径：资源包\案例文件\第2章 绘图\实操：使用画笔及混合模式制作梦幻风景

案例效果如图2-86所示。

图 2-86

1. 项目诉求

本案例需要为风景照片增添梦幻的氛围感。

2. 设计思路

本案例使用画笔绘制色彩，然后使用混合模式将颜色叠加到画面中，改变局部的颜色，以制作出有梦幻感的风景照片。

3. 配色方案

本案例以梦幻的紫色为主色调，在亮部添加暖色，在暗部添加绿色和紫色，让画面看起来梦幻斑斓，给人以独特的视觉体验。本案例的配色如图2-87所示。

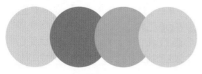

图 2-87

4. 项目实战

操作步骤：

（1）打开风景素材，如图2-88所示。

图 2-88

（2）单击工具箱底部的"前景色"按钮，在弹出的"拾色器"对话框中将颜色设置为红色，如图2-89所示。

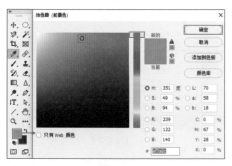

图 2-89

（3）新建图层1，选择工具箱中的"画笔工具" ，在选项栏中选择一个柔边圆的

笔尖，将"大小"设置为1700像素、"不透明度"设置为65%，然后在画面右侧边缘涂抹进行绘制，如图2-90所示。

图 2-90

（4）选择新建的图层，在"图层"面板中将混合模式设置为"亮光"，"不透明度"为40%，如图2-91所示。

图 2-91

（5）此时画面效果如图2-92所示。

图 2-92

（6）新建图层2，将前景色设置为浅绿色，使用"画笔工具" 在画面左侧位置进行绘制，如图2-93所示。

图 2-93

（7）在"图层"面板中将图层的"混合模式"设置为"亮光"，效果如图2-94所示。

图 2-94

（8）继续在画面中的天空位置涂抹黄色，将"混合模式"设置为"正片叠底"，"不透明度"设置为20%，效果如图2-95所示。

图 2-95

（9）在画面左上角涂抹紫色，将"混合模式"设置为"滤色"，效果如图2-96所示。

图 2-96

（10）案例完成后的效果如图2-97所示。

图 2-97

Photoshop 2022 平面设计案例教程（全彩慕课版）

42

2.6 绘制几何图形

前面学习的"画笔工具"与"橡皮擦工具"均是基于像素绘图的工具，接下来我们来学习矢量绘图。

在Photoshop中主要通过两大类工具进行矢量绘图：形状工具组可以绘制简单常见的几何图形，钢笔工具组可以更加灵活地绘制复杂的图形。形状工具组和钢笔工具组分别包含的工具如图2-98所示。

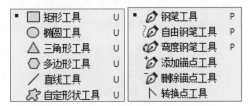

图 2-98

2.6.1 认识矢量绘图

通过矢量绘图绘制出的矢量图形是由路径和路径内的色彩组成的。矢量图形的最大特点是可以随意缩放，不论如何改变其大小、形态，其清晰度都不会发生变化。矢量图形绘制完成后，还可以更改其形状。

（1）使用形状工具或钢笔工具绘图之前，都需要先设置绘图模式。选项栏中包括"形状""路径""像素"3种绘图模式，如图2-99所示。

图 2-99

（2）"形状"模式是最常用的绘制模式，在该模式下可以进行"填充"和"描边"的设置。绘制完成后会生成"形状"图层，还可以更改图形的形态及颜色等属性，如图2-100所示。

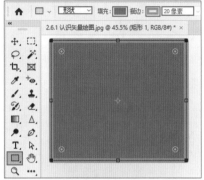

图 2-100

（3）形状图层的颜色来自填充和描边，填充是指图形内部的色彩，描边是指依附于图形边缘处的色彩。图形的填充和描边都可以设置为单色、渐变和图案，如图2-101～图2-103所示。选择 ▨ 表示去除填充或描边。

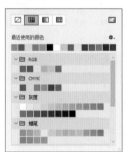

图 2-101   图 2-102

图 2-103

（4）图形的描边不仅可以设置宽度，还可以设置虚线样式，以及对齐方式、端点类型、角点类型等，如图2-104所示。

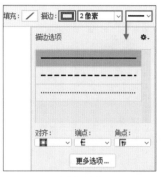

图 2-104

（5）选择"路径"模式时，只能绘制不带颜色的路径。路径是非实体对象，不能打印，可以用"路径选择工具""形状工具"等矢量编辑工具调整路径形态；选择"像素"模式时，会使用当前的前景色填充绘制区域（形状工具可用此模式，钢笔工具不可用此模式）。使用"路径"模式和"像素"模式绘制的图形如图2-105所示。

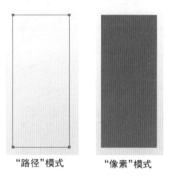

"路径"模式   "像素"模式

图 2-105

2.6.2 绘制常见图形

形状工具组包括"矩形工具" ▢、"椭圆工具" ⬭、"三角形工具" △、"多边形工具" ⬠、"直线工具" ╱ 和"自定形状工具" ▨，通过这些工具可以绘制出常见的几何图形。

（1）选择工具箱中的"矩形工具"，在选项栏中设置绘制模式为"形状"。"半径" ⌒ 选项用于设置矩形的转角大小，当数值为0时是直角矩形。在画面中按住鼠标左键拖曳，释放鼠标左键后即完成矩形的绘制，如图2-106所示。

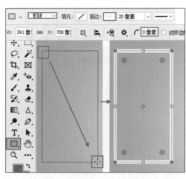

图 2-106

（2）在绘制之前设置稍大的"半径"能
够绘制圆角矩形，如图2-107所示。

图 2-107

（3）在绘制时按住Shift键拖曳鼠标可以
绘制正方形，如图2-108所示。

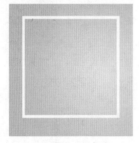

图 2-108

提示：
　　使用"椭圆工具"按住Shift键可以
绘制正圆；使用"三角形工具"按住
Shift键可以绘制正三角形；使用"多边
形工具"按住Shift键可以绘制正多边形；
使用"直线工具"按住Shift键可以绘制
水平线、垂直线、45°的线。

（4）矩形绘制完成后，发现图形内部有
⊙控制点，拖曳控制点可以调整图形的圆角
半径，如图2-109所示（使用"三角形工具"

和"多边形工具"绘制的图形都可以通过这
种方式设置其圆角）。

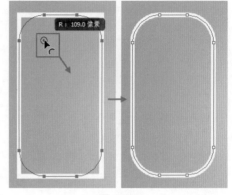

图 2-109

（5）在"属性"面板中可以对图形的"填
色""描边""圆角半径"等属性进行更改。
例如，单击⑧按钮，取消4个圆角数值的锁
定状态后，可以单独设置各个圆角的半径，
如图2-110所示。

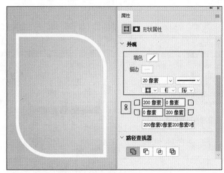

图 2-110

（6）使用"椭圆工具"可以绘制椭圆和
正圆，如图2-111和图2-112所示（按住Shift
键可绘制正圆）。

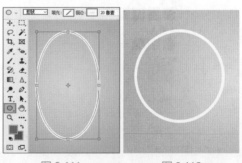

图 2-111　　　　　　图 2-112

（7）使用"三角形工具"可以绘制三角
形，如图2-113所示。

Photoshop 2022 平面设计案例教程（全彩慕课版）

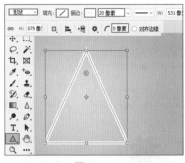

图 2-113

（8）使用"多边形工具"可以绘制多边形（最少为3条边）和星形。选择"多边形工具"后，在选项栏的⊕文本框中输入多边形的边数，设置完成后进行绘制，如图2-114所示。

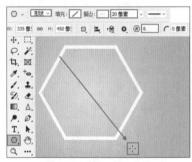

图 2-114

（9）要绘制星形，需要单击选项栏中的✿按钮，在选项面板中减小"星形比例"。"星形比例"数值小于100%时，锚点会向内缩进，使图形变为星形。"星形比例"数值越小，缩进量越大，星形尖角越尖锐，如图2-115所示。

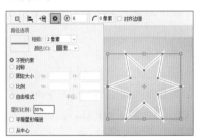

图 2-115

（10）使用"直线工具"可以绘制直线和带有箭头的形状。选择工具箱中的"直线工具"，选项栏中的"粗细"项用于设置直线的宽度，设置完成后按住鼠标左键拖曳即可进行绘制，如图2-116所示。

图 2-116

（11）使用该工具还可以绘制带有箭头的线段。单击选项栏中的⚙按钮，"起点"和"终点"用于选择箭头的位置；"宽度"和"长度"用于设置箭头的长宽比；"凹度"用于设置箭头的凹陷程度。设置完成后按住鼠标左键拖曳可以绘制带有箭头的线段，如图2-117所示。

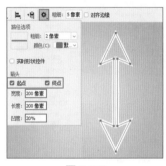

图 2-117

（12）使用"自定形状工具"可以绘制非常多的形状。单击选项栏中的"形状"按钮，在弹出的下拉面板中展开形状组，从中选择合适的形状，然后在画面中按住鼠标左键拖曳进行绘制，如图2-118所示。

图 2-118

（13）执行"窗口>形状"命令，打开"形状"面板。展开"形状"组，从中选择合适的形状，并向画面中拖曳，即可向画面中添加形状，如图2-119所示。

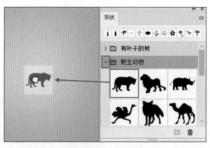

图 2-119

（14）单击"形状"面板菜单按钮，执行"旧版形状及其他"命令，可以将"旧版形状及其他"形状组载入面板中。该组中包含了多种形状，使用频率也非常高，如图2-120所示。

图 2-120

提示：

如果某些形状较为常用，则可以将其保存到"形状"面板中。选中绘制好的矢量形状，执行"编辑>定义自定形状"命令，在弹出的"形状名称"对话框中设置合适的名称，单击"确定"按钮，即可将其保存到"形状"面板中，如图2-121和图2-122所示。

图 2-121

图 2-122

2.6.3 实操：绘制图形海报

文件路径：资源包\案例文件\第2章 绘图\实操：绘制图形海报

案例效果如图2-123所示。

图 2-123

1. 项目诉求

本案例需要为艺术节活动制作宣传海报。海报画面要求主题突出、简洁明了，使观者过目不忘。

2. 设计思路

海报以三角形为主要视觉元素，重复的图形可以增加画面的形式感，多个元素的组合可以形成强烈的吸引力，让观者的视线集中在海报的主题文字处。

3. 配色方案

本案例以青灰色为主色，该色彩给人以理性、内敛的视觉感受。画面中的图形通过渐变丰富画面的色彩，尤其是橘黄色系的渐变为画面增加了灵动感。本案例的配色如图2-124所示。

Photoshop 2022 平面设计案例教程（全彩慕课版）

图 2-124

4. 项目实战

操作步骤：

（1）新建一个"宽度"为1200像素、"高度"为1600像素的空白文档。单击工具箱底部的"前景色"按钮，在弹出的"拾色器"对话框中将颜色设置为青灰色，如图2-125所示。

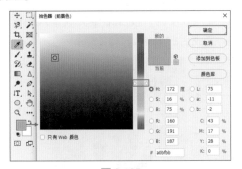

图 2-125

（2）按Alt+Delete组合键填充前景色，如图2-126所示。

图 2-126

（3）选择工具箱中的"三角形工具" △，在选项栏中将"绘制模式"设置为"形状"。将"填充"设置为"无"，单击"描边"按钮，在选项面板中单击"渐变"按钮，编辑一个青灰色调的渐变，将渐变类型设置为"线性"，将"角度"设置为36。将"描边粗细"设置为100像素，然后单击"描边类型"按钮，在选项面板底部将"对齐"设置为"内部" □，如图2-127所示。

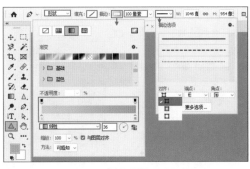

图 2-127

（4）设置完成后在画面中按住鼠标左键拖曳绘制三角形，绘制完成后图形自带定界框，可以将其旋转并调整大小，如图2-128所示。

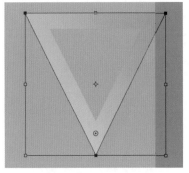

图 2-128

（5）制作另外一个三角形。选中三角形图层，按Ctrl+J组合键将图层复制一份，将图形向左上角移动，然后按Ctrl+T自由变换组合键拖曳控制点将三角形进行缩放，如图2-129所示。最后按Enter键结束变换操作。

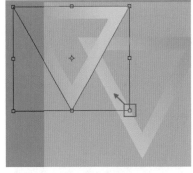

图 2-129

（6）选中小三角形图层，选择工具箱中的任意一个矢量绘图工具，在选项栏中单击"描边"按钮，在选项面板中更改渐变色，如图2-130所示。

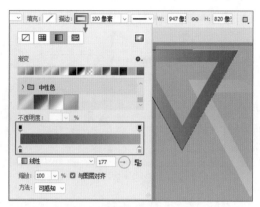

图 2-130

（7）使用相同的方式制作另外两个三角形，如图2-131所示。

图 2-131

（8）选择工具箱中的"直线工具" ，在选项栏中将"绘制模式"设置为"形状"，"填充"设置为"白色"，"描边"设置为"无"，"粗细"设置为2像素，设置完成后在图形边缘按住鼠标左键拖曳绘制一条直线，如图2-132所示。

图 2-132

（9）继续在三角形边缘绘制白色直线，如图2-133所示。

图 2-133

（10）执行"文件>置入嵌入对象"命令，在打开的对话框中选择文字素材1，单击"置入"按钮，按Enter键完成置入操作。案例完成后的效果如图2-134所示。

图 2-134

2.6.4 实操：酒类产品单立柱广告

文件路径：资源包\案例文件\第2章绘图\实操：酒类产品单立柱广告

案例效果如图2-135所示。

图 2-135

1．项目诉求

本项目为酒类产品的户外宣传广告，该广告发布于道路两侧的单立柱广告牌处。由于此类户外广告的尺寸较大，且通常需要远距离观看，所以要求画面简洁、明确。根据酒类产品的特性，画面风格要体现出大气、庄重之感。

2. 设计思路

为保证消费者远距离且短时观看的信息传递效果，画面中不能够出现过多的内容，且要着重展示重点元素。

广告灵感来自"请柬"，能使消费者产生被邀请的感觉，形成一种互动效应。画面中添加了很多中式元素，包括花纹、祥云、书法字体，这些元素结合在一起体现了产品的文化属性。

3. 配色方案

该广告采用红色作为主色，在户外高空环境中，红色广告非常鲜明。画面中通过颜色的明度变化形成空间感、层次感，而且红色是中国节日的代表颜色，有着浓厚的节日气息，以黄色作为点缀色，让画面气氛更加欢乐、活跃。本案例的配色如图2-136所示。

图 2-136

4. 项目实战

操作步骤：

（1）执行"文件>新建"命令，新建一个长度是宽度2倍的空白文档。将前景色更改为红棕色，选中背景图层，按Alt+Delete组合键进行填充，如图2-137所示。

图 2-137

（2）执行"文件>置入嵌入对象"命令，在打开的"置入嵌入的对象"对话框中单击素材1，然后单击"置入"按钮，如图2-138所示。

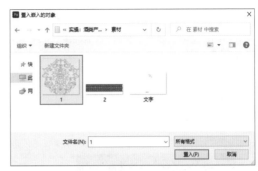

图 2-138

（3）拖曳控制点调整素材大小，并将素材放置在画面右上角，然后按Enter键结束操作。在"图层"面板中选中该图层，单击鼠标右键，执行"栅格化图层"命令，将图层栅格化，如图2-139所示。

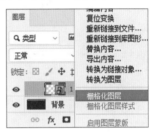

图 2-139

（4）完成操作后，素材效果如图2-140所示。

图 2-140

（5）选中该素材所在的图层，选择工具箱中的"移动工具"，在按住Alt+Shift组合键的同时向右拖曳鼠标，将该素材移动并复制一份，如图2-141所示。

图 2-141

（6）继续将花纹复制5份，按住Ctrl键选中7个花纹素材图层。选择工具箱中的"移动工具"，单击选项栏中的⋯按钮，在选项面板中单击"垂直居中对齐" ▶ 和"水平居中分布"按钮 ▶，将花纹对齐，如图2-142所示。

图 2-142

（7）在选中7个花纹素材图层的状态下，按Ctrl+G组合键将其编组。选中这个新组，按Ctrl+J组合键对其进行复制，如图2-143所示。

图 2-143

（8）选中复制的新组，将花纹向右下方移动，如图2-144所示。

图 2-144

（9）重复以上操作，继续复制新的花纹素材并进行移动直至其铺满整个画面，如图2-145所示。

图 2-145

（10）按住Ctrl键选中多个素材图层，按Ctrl+G组合键建立新组并将其命名为"图案"。在"图层"面板中将"图案"图层组的"不透明度"设置为10%，如图2-146所示。

图 2-146

（11）底纹的细节效果如图2-147所示。

图 2-147

（12）选择"椭圆工具" ◯，在选项栏中将"绘制模式"设置为"形状"，"填充"设置为深红色，"描边"设置为"无"。设置完成后按住Shift键拖曳鼠标在画面中绘制一个正圆，使画面中留存半个正圆，如图2-148所示。

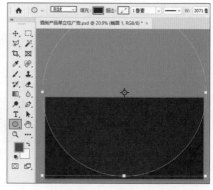

图 2-148

（13）再次使用"椭圆工具" ◯ 绘制一个稍小的正圆，并为其填充红色，如图2-149所示。

图 2-149

（14）为半圆添加暗纹。选中"图案"图层组，按Ctrl+Alt+E组合键得到"图案（合并）"图层，将该图层移动到所有图层最上方，如图2-150所示。

图 2-150

（15）按住Ctrl键单击位于顶部的椭圆所在图层的缩略图得到半圆选区，如图2-151所示。

图 2-151

（16）选中"图案（合并）"图层，单击"图层"面板底部的"添加图层蒙版"按钮 █，为当前选区添加图层蒙版，接着将该图层的"不透明度"设置为20%，如图2-152所示。

图 2-152

（17）此时的暗纹效果如图2-153所示。

图 2-153

（18）选择"矩形工具" ▭，在选项栏中将"绘制模式"设置为"形状"，在画面上方绘制一个黑色矩形，将"填充"设置为"黑色"，"描边"设置为"无"，如图2-154所示。

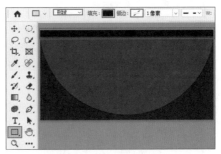

图 2-154

（19）选中黑色矩形所在的图层，单击"图层"面板底部的 fx 按钮，执行"投影"命令，在打开的对话框中将"混合模式"设置为"正片叠底"，将"颜色"设置为"黑色"，将"不透明度"设置为75%，将"角度"设置为90度，将"距离"设置为5像素，将"大小"设置为5像素，如图2-155所示。

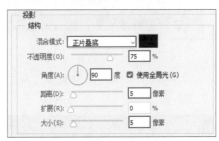

图 2-155

（20）将花纹素材2置入文档内，并将其栅格化，然后将其移动到画面左上角，如图2-156所示。

（21）选中花纹素材2所在的图层，选择"移动工具"，在按住Alt+Shift组合键的同时向右拖曳花纹将其移动并复制一份，如图2-157所示。

图 2-156

图 2-157

（22）继续复制，使花纹平铺到黑色矩形上方，如图2-158所示。

图 2-158

（23）选择"矩形工具"■，在选项栏中设置"绘制模式"为"形状"，在画面中绘制一个矩形，然后在选项栏中将"填充"设置为"黄色"，"描边"设置为"无"，如图2-159所示。

图 2-159

（24）继续在画面底部绘制一个黑色矩形，如图2-160所示。

图 2-160

（25）选择"椭圆工具"■，在选项栏中将"绘制模式"设置为"形状"，在画面底部按住Shift键并拖曳鼠标绘制一个正圆，然后在选项栏中将"填充"设置为黄色，将"描边"设置为"无"，如图2-161所示。

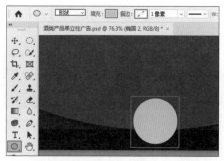

图 2-161

（26）再次绘制一个正圆，在选项栏中将"填充"设置为"无"，将"描边"设置为"黄色"，将"粗细"设置为1点，如图2-162所示。

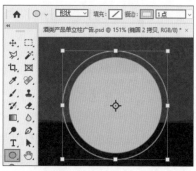

图 2-162

（27）最后将文字素材3置入文档内，案例完成后的效果如图2-163所示。

图 2-163

2.7 钢笔绘图

"钢笔工具"■是一种矢量绘图工具，可用于绘制形状和路径。在矢量绘图中需要使用"钢笔工具"绘制形状，在抠图中则需要使用"钢笔工具"绘制路径。

"钢笔工具"可以用于绘制精确的、可编辑的形状/路径，也可以用于绘制很多复杂的图形，如曲线、线条、多边形等。在使用"钢笔工具"时，用户可以添加或删除锚点，并通过调整锚点的控制柄精确控制路径的形状和曲线。

矢量图形由一段段路径组成，每段路径包括锚点、路径、方向线和方向点，如图2-164所示。对于新手来说，"钢笔工具"操作起来并不轻松，需要多加练习。

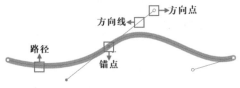

图 2-164

（1）选择工具箱中的"钢笔工具" ，在选项栏中将"绘制模式"设置为"形状"，并设置合适的填充和描边。接着在画面中单击创建起始锚点，然后将光标移动到下一个位置单击，两个锚点之间会形成直线路径，如图2-165所示。

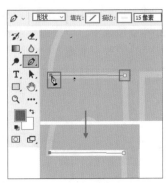

图 2-165

（2）绘制曲线。将光标移动到下一个转折的位置，按住鼠标左键并拖曳可以看到一段曲线，如图2-166所示。

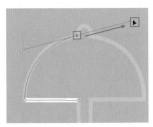

图 2-166

（3）曲线的走向控制起来同样不轻松。需要调整路径的走向时，在使用"钢笔工具"的状态下，按住Ctrl键可以切换到"直接选择工具" 。此时光标呈 形状，按住

鼠标左键拖曳方向点可以调整路径的走向，如图2-167所示。在使用"直接选择工具"的状态下，直接拖曳锚点也可以调整路径的形状。

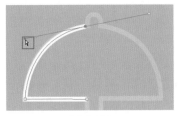

图 2-167

提示：

　　"直接选择工具"位于工具箱的路径选择工具组中，如图2-168所示。

图 2-168

（4）绘制一侧带转折的路径。按住Alt键切换到"转换点工具" ，将光标移动到锚点上，光标变为 形状后单击，此时一侧的方向线消失，如图2-169所示。

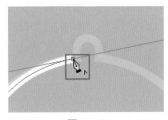

图 2-169

提示：

　　选择"转换点工具"，拖曳尖角锚点，可以将"尖角锚点"转换为"平滑锚点"，如图2-170所示。

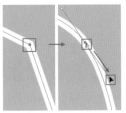

图 2-170

（5）继续绘制，如图2-171所示。

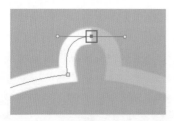

图 2-171

（6）如果需要在绘制的路径上添加锚点，则在使用"钢笔工具"的状态下，将光标移动到路径上，光标变为⬚形状后，单击即可添加新的锚点。添加锚点后拖曳锚点可调整路径，如图2-172所示。（选择"添加锚点"工具 ⬚ 在路径上单击也可以添加锚点。）

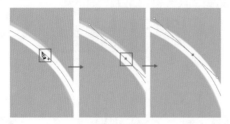

图 2-172

（7）在使用"钢笔工具"的状态下，将光标移动到锚点上，光标变为⬚形状后，单击即可删除锚点，如图2-173所示（选择"删除锚点"工具 ⬚ 在路径上单击也可以删除锚点）。

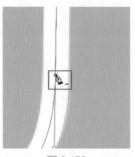

图 2-173

提示:

在使用"钢笔工具"的状态下添加或删除锚点，需要确保选项栏中的"自动添加/删除"复选项为勾选状态，如图2-174所示。

图 2-174

（8）需要闭合路径时，可以将光标移动到起始锚点位置，当光标变为⬚形状后，单击即可得到闭合路径，如图2-175所示。如果要绘制开放的路径，则在绘制完成后按Esc键退出路径的编辑操作。

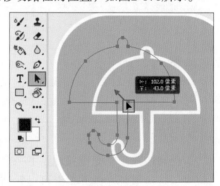

图 2-175

（9）选择"路径选择工具" ⬚，在路径上单击将路径选中，按住鼠标左键拖曳可以移动路径的位置，如图2-176所示。

图 2-176

提示:

使用"钢笔工具"绘图还有另外一种思路:选择"钢笔工具"，在图形转折位置单击创建锚点，此时绘制的都是直线路径，如图2-177所示。这就需要选择"转换点工具"，拖曳锚点将直线转换为曲线，还可以配合"直接选择工具"拖曳方向点和锚点调整曲线，如图2-178所示。通过这样的方式绘图，可以避免新手直接绘制弧线时出现难以把控的情况。

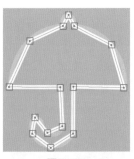

图 2-177

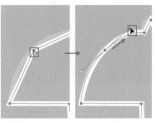

图 2-178

2.8 扩展练习：使用绘图工具制作名片

文件路径：资源包\案例文件\第2章绘图\扩展练习：使用绘图工具制作名片

案例效果如图2-179所示。

图 2-179

1. 项目诉求

本案例需要为一家文化传媒公司设计职员名片。名片需要包含职员的姓名、职位、公司名称、地址、电话、邮箱等基本信息，且风格要与企业文化保持一致。

2. 设计思路

本案例的名片采用简洁、明了的版面，避免过于复杂和烦琐的设计，使信息一目了然，易于理解和记忆。

为了与公司的品牌形象保持一致，在名片中使用了公司的标志、颜色、字体等元素来强化品牌形象，提高公司的知名度和认可度。

3. 配色方案

名片以深青绿色作为主色调，以青灰色作为辅助色，通过明度的变化让名片产生节奏感。以灰调的土黄色作为点缀色，增加了名片的质感，提升了名片的档次。本案例的配色如图2-180所示。

图 2-180

4. 项目实战

操作步骤：

（1）执行"文件>打开"命令，打开背景素材1，如图2-181所示。

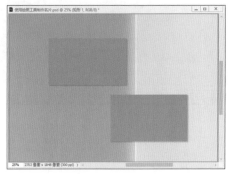

图 2-181

（2）选择工具箱中的"矩形工具" ▢，在选项栏中将"绘制模式"设置为"形状"。单击"填充"按钮，在选项面板中单击"纯色"按钮▦，然后单击"拾色器"按钮▢，在打开的"拾色器"对话框中将颜色设置为深青绿色，如图2-182所示。

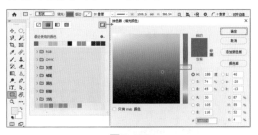

图 2-182

（3）设置完成后在名片左上角拖曳鼠标绘制矩形，如图2-183所示。

图 2-183

（4）选择工具箱中的"钢笔工具" ，在选项栏中将"绘制模式"设置为"形状"，在名片左上角绘制一段折线，绘制完成后在选项栏中将"填充"设置为"无"，将"描边"设置为土黄色，将"描边粗细"设置为"1.5像素"，如图2-184所示。

图 2-184

提示:

　　要想绘制水平或垂直的线条，可以在使用"钢笔工具"的同时按住Shift键。

（5）选择工具箱中的"自定形状工具" ，在选项栏中将"绘制模式"设置为"形状"，单击选项栏中的"形状"按钮，在下拉面板中选择"野生动物"组中的"牡鹿"形状，在名片左侧拖曳鼠标绘制图形。绘制完成后在选项栏中将"填充"设置为土黄色，将"描边"设置为"无"，如图2-185所示。

图 2-185

（6）选择工具箱中的"钢笔工具" ，在选项栏中将"绘制模式"设置为"形状"，在名片右下角绘制一个超出画面的圆形，然后在选项栏中将"填充"设置为"白色"，将"描边"设置为"无"，如图2-186所示。

图 2-186

（7）选择白色图形，在"图层"面板中将"不透明度"设置为30%，如图2-187所示。

图 2-187

（8）继续绘制另外两个白色圆形，并降低图层的不透明度，如图2-188所示。

图 2-188

（9）选中除背景图层以外的所有图层，单击"创建新组"按钮 ，将选中的图层编组，如图2-189所示。

Photoshop 2022
平面设计案例教程（全彩慕课版）

图 2-189

（10）制作名片的另一面。选中刚才制作好的图层组，按Ctrl+J组合键对其进行复制。然后选中复制的图层组，将其移动到另外一个名片上方，将图层组中半圆所在的图层和折线所在的图层删除，如图2-190所示。

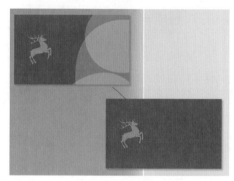

图 2-190

（11）选中牡鹿所在的图层，将其移动到名片的中间位置，按Ctrl+T自由变换组合键，然后拖曳控制点将其缩小，最后按Enter键确定变换操作，如图2-191所示。

图 2-191

（12）再次使用"钢笔工具"在名片右下角绘制一段折线，在选项栏中将"描边"设置为土黄色，将"描边粗细"设置为"1.5像素"，如图2-192所示。

图 2-192

（13）执行"文件>置入嵌入对象"命令，将文字素材置入文档内，按Enter键确定置入操作。案例完成后的效果如图2-193所示。

图 2-193

2.9 课后习题

一、选择题

1. 绘图时，调整画笔大小的快捷键是（ ）。

   A．[和]　　　　　B．Ctrl + -

   C．Ctrl + =　　　　D．Shift + +

2. 如何在Photoshop中切换前景色和背景色？（ ）

   A．单击工具栏中的前景色或背景色按钮

   B．按X键

   C．按V键

   D．用鼠标右键单击画布并选择前景色或背景色

二、填空题

1. 绘图时，按（　　　　）键可以使"画笔工具"变为"吸管工具"。
2. 使用（　　　　）可以选择一个矩形区域。

三、判断题

1. 用于将选区变得平滑的工具是"模糊工具"。　　（　　　）
2. "渐变工具"可以用来创建不同颜色的渐变背景，但不能用来填充单个图层或选区内部。
　　　　　　　　　　（　　　）

● 绘制简单的风景画

使用Photoshop绘制一张简单的海滩风景画，包括大海、沙滩和太阳。要求至少使用3种不同的工具，如"画笔工具""橡皮擦工具""渐变工具""形状工具"等，画面内容可自由发挥。

第3章

图像修饰与调色

本章要点

本章将学习的功能主要服务于图像处理，不仅常用于摄影后期处理领域，在广告设计及排版工作中也起着重要的作用。简单来说，图像处理的基本流程可以分为两部分：一是修饰，即去除图像中的瑕疵，尽可能地还原其真实效果；二是增强图像的艺术效果，这点可以通过调色来实现。虽然本章要学习的内容较多，但在实际的图像处理工作中，只要先发现图像的问题，然后选择适当的命令予以解决即可。

能力目标

❖ 熟练掌握修饰画面瑕疵的方法

❖ 掌握调色命令的使用方法

❖ 熟练掌握液化滤镜的使用方法

3.1 轻松去除小瑕疵

无论是人像照片还是产品照片，细小的瑕疵都是难免的，如脸上的痘、痣、黑眼圈、小碎发，入镜的杂物及照片上的水印等。这些瑕疵是非常影响画面效果的。通过本节的学习，读者可以轻松解决这些小问题。

3.1.1 污点修复画笔工具

使用"污点修复画笔工具"可以快速修复图像中的污点、瑕疵和不需要的细节。

（1）选择工具箱中的"污点修复画笔工具" ，在选项栏中设置笔尖的大小至能够覆盖住瑕疵即可。然后在瑕疵位置单击，释放鼠标左键即可将瑕疵去除。软件会根据污点周围的像素自动计算填充瑕疵的地方，如图3-1所示。

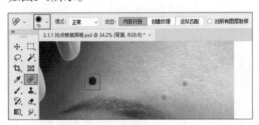

图 3-1

（2）继续在其他瑕疵位置单击将其去除。遇到面积稍大的瑕疵，也可以通过涂抹的方式处理，如图3-2所示。

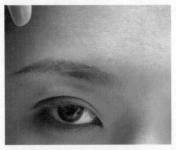

图 3-2

3.1.2 修复画笔工具

使用"修复画笔工具"可以利用选定的样本区域覆盖需要修复的区域，然后轻松修复图像中的瑕疵。

（1）选择工具箱中的"修复画笔工具" ，在选项栏中设置笔尖的大小。将光标移动至画面中干净的位置，按住Alt键单击进行取样，如图3-3所示。

图 3-3

（2）在瑕疵位置按住鼠标左键拖曳进行覆盖，覆盖区域的像素会与涂抹位置的像素融合在一起，形成较为真实的效果，如图3-4所示。

图 3-4

（3）继续涂抹覆盖，去除剩余的瑕疵，如图3-5所示。

图 3-5

3.1.3 修补工具

使用"修补工具"可以利用画面中的一部分内容覆盖和修补另一部分内容。

（1）选择工具箱中的"修补工具" ，在需要修复的位置拖曳鼠标绘制选区，如图3-6所示。

图 3-6

（2）将光标移动至选区内，将选区向较为干净的位置拖曳，在拖动过程中可以直接观察修补后的效果，效果满意后释放鼠标左键即可，如图3-7所示。

图 3-7

3.1.4 内容感知移动工具

使用"内容感知移动工具"可以在无须抠图的情况下移动或复制画面中的某个对象，这样被移动的对象会自动与四周的景物融合在一起。

（1）选择工具箱中的"内容感知移动工具" ⨯，将需要移动的对象创建为选区，在选项栏中将"模式"设置为"移动"。然后将光标移动至选区内，拖曳选区移动其位置，如图3-8所示。

图 3-8

（2）释放鼠标左键后，移动的对象与周围的环境融为一体，原始的区域被智能地填充为与周围相似的内容，如图3-9所示。

图 3-9

（3）如果在选项栏中将"模式"设置为"扩展"，则会将选区中的内容复制一份，并融入画面中，如图3-10所示。

图 3-10

3.1.5 红眼工具

使用"红眼工具"可以快速解决摄影时闪光灯引起的瞳孔变红的"红眼"问题。

选择工具箱中的"红眼工具" +⊙，在红眼的位置单击，即可解决"红眼"问题，如图3-11所示。

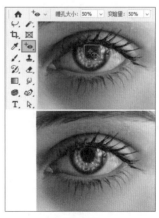

图 3-11

3.1.6 仿制图章工具

使用"仿制图章工具"可以"复制"图像某一区域，然后在其他区域以绘制的方式使取样的内容覆盖原有的图像内容。它常用于去除图像中不需要的物体、修复损坏的区域、修复皮肤瑕疵等。

（1）选择工具箱中的"仿制图章工具"，在选项栏中设置合适的笔尖大小，然后找到适合覆盖瑕疵的取样区域，按住Alt键单击进行取样，如图3-12所示。

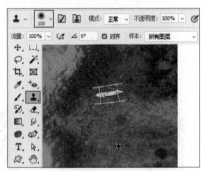

图 3-12

（2）在瑕疵位置涂抹进行覆盖，效果如图3-13所示。

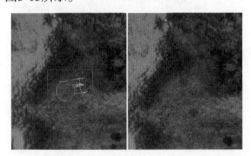

图 3-13

3.2 消除大面积瑕疵

"内容识别填充"功能可以帮助用户快速去除或替换图像中的某个区域。它基于智能算法，可以自动分析图像内容并提供多种填充选项。

（1）使用"内容识别填充"功能，需先确定要"消除"的范围。例如，使用"套索工具"将需要消除的位置创建为选区，如图3-14所示。

图 3-14

（2）执行"编辑>内容识别填充"命令，在"内容识别填充"工作区的左侧预览图中绿色覆盖的区域为取样区域，右侧图像为填充的预览效果。软件会智能识别取样区域的内容，对其进行填充并将填充后的内容融合，从而达到快速无缝的拼接效果，如图3-15所示。

图 3-15

（3）"取样画笔工具"可用于编辑取样的区域，而取样的内容则会影响最终填充的效果。单击工具箱中的"取样画笔工具"，在选项栏中选择运算方式，然后在绿色覆盖区涂抹以添加或删除取样区域。图3-16所示为在"从叠加区域中减去"模式下擦除部分取样区域前后的对比效果。

图 3-16

（4）左侧的"套索工具"可用来调整被填充的范围。选择"套索工具"，然后在选项栏中选择选区的运算模式。例如，选择"添加到选区"，然后增加一个要填充的区域。绘制完成后，在预览图中可以看到填充效果。最后单击"确定"按钮，如图3-17所示。

图 3-17

3.3 图像局部的简单处理

使用工具箱中的"模糊工具""锐化工具""涂抹工具""减淡工具""加深工具""海绵工具"可以手动进行画面局部的处理。这些工具在使用过程中涂抹的次数越多，效果越明显。图3-18所示为使用这些工具处理图像前后的对比效果。

图 3-18

3.3.1 模糊

使用"模糊工具"可以对图像或图像的部分进行模糊处理，以达到柔和、模糊、去除细节等效果。

选择工具箱中的"模糊工具"，在选项栏中设置合适的笔尖大小及"强度"。"强度"用于控制模糊的强度，数值越大，模糊效果越强。设置完成后在需要模糊的位置拖曳鼠标涂抹进行模糊，如图3-19所示。

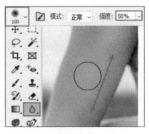

图 3-19

此时可以看到图中手臂位置较为粗糙，涂抹该位置后皮肤变得光滑，效果如图3-20所示。

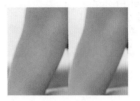

图 3-20

3.3.2 锐化

使用"锐化工具"可以增强图像的边缘和细节，让图像更加清晰。

"锐化工具"的使用方法及参数设置与"模糊工具"非常相似，只不过起到的作用是相反的。在需要锐化的位置涂抹，光标经过的位置图像变得清晰，如图3-21所示。

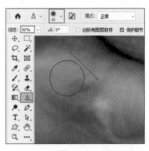

图 3-21

锐化前后的对比效果如图3-22所示。

图 3-22

3.3.3 涂抹

使用"涂抹工具" ⫶.可以使光标经过的位置产生推移变形。

选择工具箱中的"涂抹工具" ⫶.，选项栏中的"强度"选项用于设置变形效果的强弱，在画面中按住鼠标左键拖曳，光标经过的位置将产生变形，如图3-23所示。

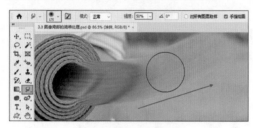

图 3-23

提示：

勾选"手指绘画"复选项后，可以通过在前景色涂抹进行变形，就像用手指蘸取颜料在画面中绘画一样。

3.3.4 减淡

使用"减淡工具" ⫶.可以减轻图像的亮度，通常用于修饰过度曝光的图像区域。

（1）选择工具箱中的"减淡工具" ⫶.，在选项栏中设置合适的笔尖大小。"范围"用于选择提亮的范围。例如，需要提亮上衣的亮度，上衣作为画面的中间调，所以"范围"设置为"中间调"。"曝光度"用于设置提亮的程度。设置完成后在画面中涂抹，光标经过的位置会被提亮，如图3-24所示。

图 3-24

（2）勾选"保护色调"复选项后，可以在提高明度的同时保护图像的色调尽可能不受影响，如图3-25所示。

图 3-25

3.3.5 加深

使用"加深工具"可以降低图像的亮度，通常用于修饰曝光不足的图像区域。

选择工具箱中的"加深工具" ⫶.，用以加深裤子部分。由于裤子是整个画面最亮的部分，所以将"范围"设置为"高光"。然后在裤子上进行涂抹，可以看到光标经过的位置颜色变深。继续涂抹完成调色操作，效果如图3-26所示。

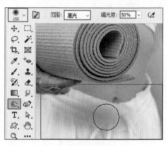

图 3-26

3.3.6 海绵

"海绵工具" ⫶.是一种调整图像饱和度的工具，可用于提高或降低图像局部的颜色饱和度。

（1）选择工具箱中的"海绵工具" ⫶.，在选项栏中的将"模式"设置为"去色"，在画面中涂抹可以看到光标经过的位置颜色饱和度降低，如图3-27所示。

图 3-27

（2）如果将"模式"设置为"加色"，则提高颜色的饱和度，如图3-28所示。

图 3-28

3.3.7 实操：修饰女包产品图

文件路径：资源包\案例文件\第3章
图像修饰与调色\实操：修饰女包产品图

案例效果如图3-29所示。

图 3-29

1. 项目诉求

本案例中的图像主要服务于产品销售，如产品图册、电商平台等。要求产品图清晰美观，在准确还原产品效果的基础上可进行适度美化。

2. 设计思路

本案例原图的主要问题有以下几点：背景脏、产品上有污迹、产品色彩及质感不足。制作本案例首先需要去除产品上的瑕疵，然后使用多种细节修复工具来美化产品。

3. 配色方案

产品本身主体为橄榄绿色的皮革搭配金色的金属链条。这两种颜色之间的冲突感不强，相对较为和谐。产品整体的明度不高，放在浅色背景下展示能够更好地凸显出来。本案例的配色如图3-30所示。

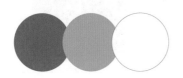

图 3-30

4. 项目实战

操作步骤：

（1）执行"文件>打开"命令，将产品素材打开，如图3-31所示。

图 3-31

（2）去除包上的瑕疵。选择工具箱中的"污点修复画笔工具"，在选项栏中设置"画笔大小"为50像素，选择一个柔边圆笔尖，设置"类型"为"内容识别"，然后在包上有瑕疵的位置拖曳鼠标，释放鼠标左键后瑕疵会消失，如图3-32所示。

图 3-32

（3）以相同的方式去除稍浅颜色的瑕疵，如图3-33所示。

图 3-33

（4）去除画面右下角的瑕疵。选择工具箱中的"修复画笔工具"，在选项栏中将"画笔大小"设置为45像素，选择一个柔边圆笔尖，将"源"设置为"取样"，在瑕疵附近按住Alt键进行取样，然后在瑕疵位置涂抹，随着涂抹的进行，取样的像素可以覆盖住瑕疵并且与周围环境融合，如图3-34所示。

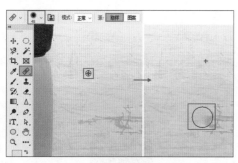

图 3-34

（5）继续涂抹，此时画面的整体效果如图3-35所示。

图 3-35

（6）选择工具箱中的"减淡工具" 🔍，在选项栏中将"画笔大小"设置为90像素，选择一个柔边圆笔尖，将"范围"设置为"高光"，"曝光度"设置为100%，取消勾选"保护色调"复选项，然后在背景位置涂抹，光标经过的位置变为纯白色，如图3-36所示。

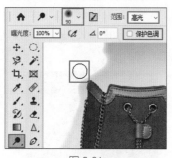

图 3-36

（7）继续涂抹，背景去色效果如图3-37所示。

图 3-37

（8）加深产品颜色。选择工具箱中的"加深工具"，在选项栏中将"画笔大小"设置为250像素，选择一个柔边圆笔尖，将"范围"设置为"中间调"，将"曝光度"设置为5%，勾选"保护色调"复选项，然后在产品上方涂抹进行加深，如图3-38所示。

图 3-38

（9）提高产品的颜色饱和度。选择工具箱中的"海绵工具"，在选项栏中将"画笔大小"设置为250像素，选择一个柔边圆笔尖，将"模式"设置为"加色"，将"流量"设置为65%，勾选"自然饱和度"复选项，然后在产品上涂抹以提高产品的颜色饱和度，如图3-39所示。

图 3-39

（10）选择工具箱中的"锐化工具"，在选项栏中将"画笔大小"设置为40像素，选择一个柔边圆笔尖，将"强度"设置为50%，然后在产品链条高光位置涂抹进行锐化，如图3-40所示。

图 3-40

Photoshop 2022 平面设计案例教程（全彩慕课版）

（11）案例完成后的效果如图3-41所示。

图 3-41

3.4 图像调色

在Photoshop中，调色功能是指对图像进行色彩和亮度的调整，以达到更好的视觉效果或表现目的。使用调色命令既可以解决曝光问题、偏色问题，还可以增加画面的艺术性和感染力。

3.4.1 调色的基本流程

（1）Photoshop中的调色命令位于"图像>调整"子菜单下，如图3-42所示。使用调色命令进行调色，效果会直接应用到图像中。调色过程是不可逆的，会破坏原来图像的像素，因此属于"破坏性"编辑。

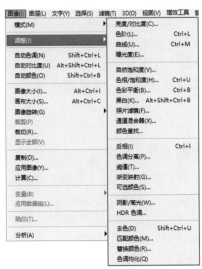

图 3-42

（2）这些调色命令既可以针对整个图层进行调色，也可以针对选区进行调色。例如，当前画面中有一个圆形选区，执行"图像>调整>亮度/对比度"命令，在弹出的"亮度/对比度"对话框中适当调整参数，用户

可以在画面中直观地看到效果。如果对效果满意，则单击"确定"按钮；如果对效果不满意，则单击"取消"按钮，如图3-43所示。

图 3-43

（3）除了以上方法外，执行"图层>新建调整图层"命令，在子菜单中可以看到与"图像>调整"子菜单下相似的命令，如图3-44所示。

图 3-44

（4）这些命令并不直接作用于某一个图层，而是会创建出一个"调整图层"，如图3-45所示。

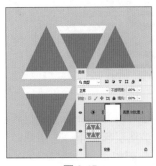

图 3-45

（5）该调整图层之下的所有图层都会产生调色效果，如图3-46所示。

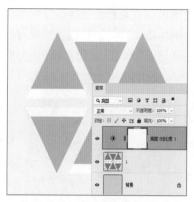

图 3-46

（6）选中调整图层可以更改调色参数，画面效果也会相应改变，如图3-47所示。

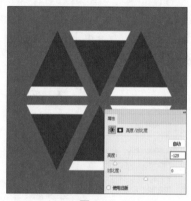

图 3-47

（7）调整图层带有"图层蒙版"，可通过蒙版中的黑白关系来控制调整效果的显示或隐藏，如图3-48所示（这部分内容可以参考"5.2.1 图层蒙版"小节）。

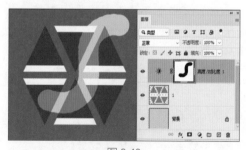

图 3-48

（8）还可以为某个图层创建剪贴蒙版，使之只对该图层起作用。选中调整图层后，在"属性"面板中单击底部的 ⬚ 按钮，使该调整图层只作用于下方图层，如图3-49所示（关于剪贴蒙版的操作方法可以参考"5.2.2剪贴蒙版"小节）。

图 3-49

（9）此时只有该调整图层下的一个图层产生了调色效果，如图3-50所示。

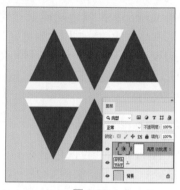

图 3-50

提示：

　　使用调整图层调色不会破坏原图，属于"非破坏性"编辑。用户对图像进行比较复杂的调色处理时，建议使用调整图层。这两种调色方式的操作不同，但效果是相同的，可以根据情况选择使用。

3.4.2 亮度/对比度

"亮度/对比度"命令可用于调整图像的明亮程度及画面明暗之间的反差。通过增大或减小亮度值，可以使图像变得更亮或更暗。通过增大或减小对比度值，可以增强或减弱图像中的明暗差异，使图像更加清晰或柔和。

执行"图像>调整>亮度/对比度"命令，打开"亮度/对比度"对话框，增大"亮度"数值可以使画面变亮；增大"对比度"数值可以使画面亮部变得更亮、暗部变得更暗，如图3-51所示。

图 3-51

图像调整前后的效果分别如图3-52和图3-53所示。

图 3-52

图 3-53

提示:

　　勾选 ☑ 预览(P) 复选项后，用户在调整参数的同时，可以直观地观察调色效果。

3.4.3　色阶

　　"色阶"命令是一种常用的调色命令，也是一种非常常用的图像调整工具，可用于调整图像的亮度、对比度和色彩平衡。

　　（1）执行"图像>调整>色阶"命令，打开"色阶"对话框，可以拖曳输入和输出滑块调整输入和输出范围，以达到更好的调整效果。此外，"色阶"命令还具有自动调整功能。单击"自动"按钮，Photoshop将根据图像的特征自动调整色阶，快速优化图像的整体亮度和对比度，如图3-54所示。

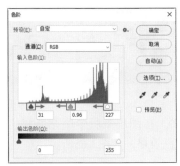
图 3-54

　　（2）图像调整前后的效果分别如图3-55和图3-56所示。

图 3-55　　　　　　　图 3-56

　　（3）"色阶"命令也可用于调整图像的色彩平衡。调整颜色通道的输入和输出范围，可以对不同颜色进行调整。例如，可以调整红色通道，增加或减少图像中的红色，改变画面颜色偏向，如图3-57所示。

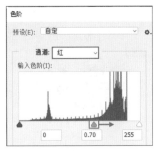
图 3-57

　　（4）此时图像效果如图3-58所示。

图 3-58

　　（5）另外，也可以新建调整图层进行调色。单击"图层"面板底部的 按钮，执行"色阶"命令，如图3-59所示。

图 3-59

> **提示:**
>
> 执行"窗口>调整"命令,打开"调整"面板,单击图3-60所示的相应按钮也可以新建调整图层。
>
>
>
> 图 3-60

(6)在所选图层上方新建一个"色阶"图层,如图3-61所示。

图 3-61

(7)此时显示"属性"面板,在其中可以对参数进行调整,如图3-62所示。

图 3-62

(8)调整图层与普通图层具有相同的属性。例如,隐藏调整图层,调色效果也会被隐藏,如图3-63所示。同理,删除调整图层,调色效果也会被删除,而原图不会发生变化。

图 3-63

(9)调整图层带有图层蒙版,单击选择图层蒙版,使用黑色画笔在画面中涂抹,可以将部分调色效果隐藏,如图3-64所示。

图 3-64

(10)在图层蒙版中填充渐变,也可以隐藏调色效果,如图3-65所示。

图 3-65

> **提示：**
>
> 　　双击调整图层的缩略图可以调出"属性"面板，打开"属性"面板后可以再次编辑参数。

3.4.4　曲线

使用"曲线"命令可以对图像的色彩、亮度和对比度进行综合调整。

（1）执行"图像>调整>曲线"命令，拖曳曲线可进行明暗调整。向左上方拖曳曲线可使图像变亮，如图3-66所示。

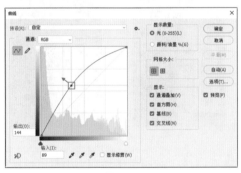

图 3-66

（2）图像调整前后的效果分别如图3-67和图3-68所示。

图 3-67

图 3-68

（3）这里还可以对单独的通道进行调色。单击"通道"按钮，选择"RGB"通道时，是对整个图像的色彩进行调整；选择"红""绿""蓝"通道时，只针对该通道中的颜色进行调整。例如，选择"蓝"通道，并调整曲线形状，如图3-69所示。

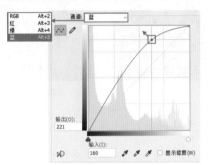

图 3-69

（4）此时可以看到画面中蓝色的含量增加，如图3-70所示。

图 3-70

3.4.5　曝光度

使用"曝光度"命令可以调整图像的亮度和暗度，比如校正图像曝光不足、曝光过度、对比度过低或过高的问题。

执行"图像>调整>曝光度"命令，打开"曝光度"对话框，在其中增大"曝光度"数值可以使图像变亮、减小"曝光度"数值可以使图像变暗，如图3-71所示。

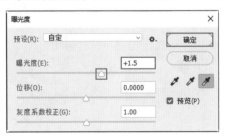

图 3-71

图像调整前后的效果分别如图3-72和图3-73所示。

图 3-72　　　　　　图 3-73

3.4.6 自然饱和度

使用"自然饱和度"命令可以通过调整图像的饱和度来增强或降低图像的颜色强度，使图像看起来更加鲜艳或柔和。该命令适用于调整颜色比较浅淡的图像，可以使图像颜色更加明亮、画面更加生动。

（1）执行"图像>调整>自然饱和度"命令，向右拖曳"自然饱和度"滑块可以看到画面颜色的饱和度逐渐提高。当"自然饱和度"最大时，颜色也不会出现溢色的情况。此时如果对颜色效果仍然不满意，则可以继续拖曳"饱和度"滑块作为补充，如图3-74所示（"饱和度"的效果要强于"自然饱和度"）。

图 3-74

（2）图像调整前后的效果分别如图3-75和图3-76所示。

图 3-75　　　　　　图 3-76

3.4.7 色相 / 饱和度

使用"色相/饱和度"命令可以调整图像的颜色，包括更改整个图像的色相、提高或降低颜色的饱和度，以及调整颜色的亮度。

（1）执行"图像>调整>色相/饱和度"命令，默认情况下调色的范围为"全图"，如图3-77所示。对"色相""饱和度""明度"进行调整时，整个画面的色调都会发生变化。

图 3-77

（2）图像调整前后的效果分别如图3-78和图3-79所示。

图 3-78　　　　　　图 3-79

（3）在"通道"下拉列表中可以选择除"全图"外的一个通道进行调整。例如，选择"蓝色"，然后拖曳"色相""饱和度""明度"滑块，如图3-80所示。此时可以看到画面中只有蓝色区域的颜色发生了变化，如图3-81所示。

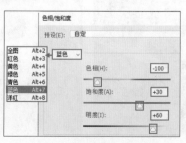

图 3-80

图 3-81

和图3-85所示。

图 3-84   图 3-85

> **提示：**
>
> 在"预设"下拉列表中可以选择预设的效果，如图3-82所示。
>
>
>
> 图 3-82

（3）选中"阴影"单选按钮，然后拖曳滑块进行调色，接着单击"确定"按钮，如图3-86所示。

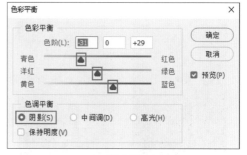

图 3-86

（4）此时图像效果如图3-87所示。

图 3-87

3.4.8 色彩平衡

可以利用补色原理实现"色彩平衡"，通过调整颜色通道的比例来增强或减弱不同颜色的影响，以达到调整整体色调的效果。

（1）执行"图像>调整>色彩平衡"命令，在"色彩平衡"对话框中选择调色的范围。例如，想要对亮部区域进行调整，可以选择"高光"，然后拖曳滑块进行调色，如图3-83所示。

图 3-83

（2）图像调整前后的效果分别如图3-84

3.4.9 黑白

使用"黑白"命令可以去除画面中的色彩，将图像转换为黑白效果，还可以制作单色调图像。使用"黑白"命令可以使图像变得更简洁，更有层次感。

（1）执行"图像>调整>黑白"命令，打开"黑白"对话框（见图3-88）后，彩色图像立刻变为黑白图像。

图 3-88

（2）图像调整前后的效果分别如图3-89和图3-90所示。

图 3-89

图 3-90

（3）此时可以拖曳各颜色的滑块，对图像每种颜色的明暗程度进行调整，如图3-91所示。向右拖曳滑块，带有该颜色的区域会变亮。

图 3-91

（4）调整后图像明暗对比变强，层次关系更加突出，效果如图3-92所示。

图 3-92

（5）在"黑白"对话框中选中"色调"单选按钮可以制作单色照片，拖曳"色相"和"饱和度"滑块可以对颜色进行调整，如图3-93所示。

图 3-93

3.4.10 照片滤镜

使用"照片滤镜"命令可以矫正偏色照片，也可以为黑白图像上色。

（1）执行"图像>调整>照片滤镜"命令，在打开的"照片滤镜"对话框中选择一个合适的滤镜，如图3-94所示。如果想要加强调色效果，则可以增大"密度"。

图 3-94

（2）图像调整前后的效果分别如图3-95和图3-96所示。

图 3-95　　　　　　　图 3-96

3.4.11　通道混合器

使用"通道混合器"命令可以调整图像红、绿、蓝3个通道的混合比例来改变图像的色彩。

（1）执行"图像>调整>通道混合器"命令，在打开的"通道混合器"对话框中选择要调整的"输出通道"，然后拖曳下方各个颜色的滑块，以改变图像的颜色，如图3-97所示。

图 3-97

（2）图像调整前后的效果分别如图3-98和图3-99所示。

图 3-98　　　　　　　图 3-99

3.4.12　颜色查找

使用"颜色查找"命令可以为图像应用预设的调色效果，快速给照片调色。

执行"图像>调整>颜色查找"命令，在打开的"颜色查找"对话框中选择预设选项，如图3-100所示。

图 3-100

预设选项选择完成后，图像即可产生相应的调色效果。图像调整前后的效果分别如图3-101和图3-102所示。用户不仅可以使用软件自带的预设，还可以下载LUT预设文件，并在Photoshop中调用，以便快速调色。

图 3-101　　　　　　　图 3-102

3.4.13　反相

使用"反相"命令可以将图像颜色转换为反相的颜色，例如黑色变白色、红色变绿色。

执行"图像>调整>反相"命令，即可得到反相效果。图像调整前后的效果分别如图3-103和图3-104所示。再次执行该命令，又可以恢复图像原始的色彩。

图 3-103　　　　　　　图 3-104

75

3.4.14 色调分离

使用"色调分离"命令可以将图像中相似的颜色归为同一种颜色，以减少图像的颜色数量。

执行"图像>调整>色调分离"命令，在打开的"色调分离"对话框中拖曳"色阶"滑块，如图3-105所示。色阶数值越小，保留的颜色数量越少，效果越明显。

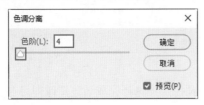

图 3-105

图像调整前后的效果分别如图3-106和图3-107所示。

图 3-106　　　　　图 3-107

3.4.15 阈值

使用"阈值"命令可以将图像转换为只有黑白两色的效果。

执行"图像>调整>阈值"命令，在打开的"阈值"对话框中拖曳底部的滑块可以调整画面颜色效果，如图3-108所示。

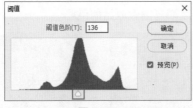

图 3-108

图像调整前后的效果分别如图3-109和图3-110所示。

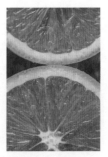 

图 3-109　　　　　图 3-110

3.4.16 渐变映射

使用"渐变映射"命令可以将渐变色按照图像的灰度关系映射到图像中，使图像出现设定好的渐变色彩。

（1）执行"图像>调整>渐变映射"命令，在打开的"渐变映射"对话框中单击渐变色条，在打开的"渐变编辑器"对话框中编辑渐变色，如图3-111所示。

图 3-111

> 提示：
>
> 　　此处的渐变色从左到右对应的就是图像的暗部、中间调和高光区域。

（2）图像调色前后的效果分别如图3-112和图3-113所示。

图 3-112　　　　　图 3-113

3.4.17 可选颜色

使用"可选颜色"命令可以对图像中的各种颜色进行微调。例如，在图像中的红色区域添加一定量的黄色，使之前包含红色成分的区域更加偏橙色。

（1）执行"图像>调整>可选颜色"命令，打开"可选颜色"对话框，在"颜色"下拉列表中选择所需调整的颜色，然后调整"青色""洋红""黄色""黑色"的数值，以调整图像颜色，如图3-114所示

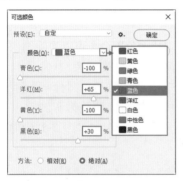

图 3-114

（2）设置"颜色"为"蓝色"后，减少其中青色和黄色的含量，增加洋红的含量，并增加部分黑色，使图像中原本包含蓝色的区域偏稍浅一些的紫色。图像调色前后的效果分别如图3-115和图3-116所示。

图 3-115

图 3-116

3.4.18 阴影 / 高光

"阴影/高光"命令不是单纯地用于提高或降低图像亮度，而是可以分别针对图像阴影区域或高光区域的明暗进行调整，常用来矫正画面曝光过度或曝光不足导致的亮部区域或暗部区域细节不清的问题。

（1）执行"图像>调整>阴影/高光"命令，打开"阴影/高光"对话框，拖曳"阴影"的"数量"滑块，增大阴影数值可以使图像暗部区域变亮，如图3-117所示。

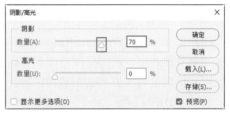

图 3-117

（2）此时暗部的细节更加清晰。图像调色前后的效果分别如图3-118和图3-119所示。

图 3-118　　　　　　图 3-119

（3）增大"高光"数值可以使图像亮部区域变暗，如图3-120所示。

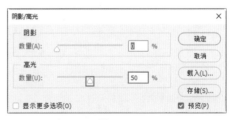

图 3-120

（4）此时亮部的细节更加明确。图像调色前后的效果分别如图3-121和图3-122所示。

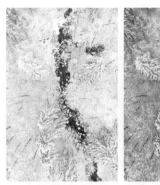
图 3-121

图 3-122

图 3-124

图 3-125

3.4.19 HDR 色调

HDR图像（High Dynamic Range，HDR）具有比标准照片更广泛的亮度范围和更高的对比度，可以呈现出更多的细节和色彩。

使用"HDR色调"命令可以模拟HDR效果，增加图像亮部和暗部的细节，增强画面质感，让照片更加生动。

（1）执行"图像>调整>HDR色调"命令，在打开的"HDR色调"对话框中会自动进行调色，增加图像的细节和质感。如果对调色效果不满意，也可以手动调整参数，如图3-123所示。

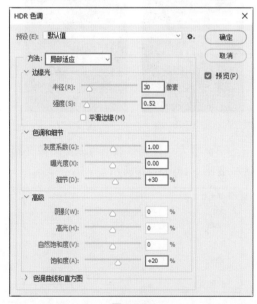
图 3-123

（2）图像调色前后的效果分别如图3-124和图3-125所示。

3.4.20 去色

使用"去色"命令可以去除图像中的色彩，将其制作成灰度图像。

选中图层，执行"图像>调整>去色"命令，可以将图像调整为灰度效果。图像调色前后的效果分别如图3-126和图3-127所示。

图 3-126

图 3-127

3.4.21 匹配颜色

使用"匹配颜色"命令可以将一个图像（源图像）中的颜色与另一个图像（目标图像）中的颜色进行匹配。当需要统一多张图像的色彩或借用其他图像的配色时，可以使用该命令。

该命令可以在不同的图像之间进行"匹配"，也可以匹配同一个文档中不同图层之间的颜色。

（1）源图像呈现暖色调，目标图像呈现冷色调，通过"匹配颜色"命令将源图像调整为冷色调，如图3-128所示。

源图像　　　目标图像

图 3-128

（2）选中源图像所在的图层，执行"图像>调整>匹配颜色"命令，打开"匹配颜色"对话框，将"源"和"图层"选择为目标图像所在的图层。随后图像会发生颜色变化，然后可以对"明亮度""颜色强度""渐隐"等参数进行适当调整，以得到合适的效果，如图3-129所示。

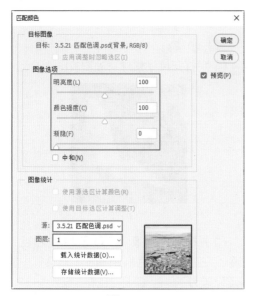

图 3-129

（3）设置完成后，单击"确定"按钮。调色效果如图3-130所示。

图 3-130

3.4.22　替换颜色

使用"替换颜色"命令可以更改图像中部分颜色的色相、饱和度和明度。

（1）执行"图像>调整>替换颜色"命令，打开"替换颜色"对话框，如图3-131所示。单击"添加到取样"按钮，在取样位置单击。单击后，缩略图会发生变化。在缩略图中，黑色表示非选区，白色表示选区。"颜色容差"用于设置颜色的范围，数值越大，范围越大。

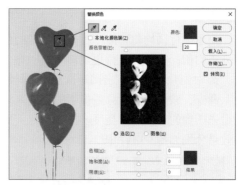

图 3-131

（2）为了增加颜色采样的范围，可以适当增大"颜色容差"值。单击"添加到取样"按钮，在缩略图灰色的位置单击，增加选区的范围，直至变为白色，如图3-132所示。

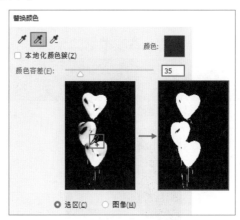

图 3-132

（3）在底部可以调整更换后的颜色。例如拖曳"色相""饱和度""明度"滑块，"结果"会色块显示替换后的颜色效果，最后单击"确定"按钮，如图3-133所示。

图 3-133

3.4.23 色调均化

使用"色调均化"命令可以将图像的色调分布均衡，使图像变得更加清晰、明亮。

选中图层，执行"图像>调整>色调均化"命令，软件会重新分配像素的色调来自动增强图像的对比度和亮度。图像调色前后的效果分别如图3-134和图3-135所示。

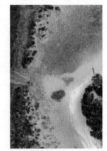

图 3-134　　　　　图 3-135

3.4.24 实操：改变植物的颜色

文件路径：资源包\案例文件\第3章图像修饰与调色\实操：改变植物的颜色

案例效果如图3-136所示。

图 3-136

1. 项目诉求

本案例原图为夏季图像，需要利用调色功能使其产生秋季的视觉效果。

2. 设计思路

本案例通过"色相/饱和度"命令改变植物中绿色的部分，使之呈现出金黄色，将夏景更改为秋景，在此基础上使用"自然饱和度"强化图像的颜色感。

3. 配色方案

金黄是秋季特有的色彩，碧蓝的天空与金黄的植物形成鲜明的对比，飞溅而起的白色瀑布点亮整个画面。本案例的配色如图3-137所示。

图 3-137

4. 项目实战

操作步骤：

（1）打开风景素材，如图3-138所示。

图 3-138

（2）执行"图像>调整>色相/饱和度"命令，在弹出的"色相/饱和度"对话框中将通道设置为"黄色"，将"色相"设置为-25，将"饱和度"设置为50，将"明度"设置为20，此时图像中绝大多数绿色的部分变为黄色，如图3-139所示。

图 3-139

（3）树、瀑布边缘还有明显的绿色像素，将通道设置为"绿色"，将"色相"设置为-75，将"明度"设置为+40，如图3-140所示。

图 3-140

（4）执行"图像>调整>自然饱和度"命令，在弹出的"自然饱和度"对话框中将"自然饱和度"设置为100，如图3-141所示。

图 3-141

（5）图像整体颜色感得到增强，案例完成效果如图3-142所示。

图 3-142

3.4.25 **实操：纠正偏色的花瓶**

文件路径：资源包\案例文件\第3章 图像修饰与调色\实操：纠正偏色的花瓶

案例效果如图3-143所示。

图 3-143

1. 项目诉求

由于环境色的干扰，因此原本白色的花瓶变为粉色，不利于产品的展示。本案例需要将花瓶的颜色还原回白色。

2. 设计思路

本案例通过"自然饱和度"命令去除花瓶的色彩，并使用曲线提亮花瓶，将其调整为通透的白色。由于需要调整的并不是整个画面，因此调色之前要事先创建出选区。

3. 配色方案

粉色背景中白色的花瓶和紫红色的花朵本该作为图像中的亮部和暗部出现，这样能够使图像具有正确的黑白灰关系。经过调整后的图像看起来更加鲜明，正是因为图像中高亮区域被还原了回来。另外，如果图像只有一种色相，难免乏味，少量绿色成分的出现增强了图像的对比感。本案例的配色如图3-144所示。

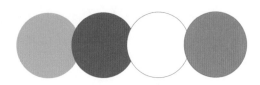

图 3-144

4. 项目实战

操作步骤：

（1）打开花瓶素材，可以看到白色的花瓶因受到环境色影响而产生了色差，如图3-145所示。

图 3-145

（2）限定调色的范围。选择工具箱中的"对象选择工具"，在花瓶上拖曳鼠标绘制选区，稍等片刻得到花瓶的选区，如图3-146所示。

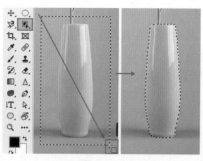

图 3-146

（3）单击"调整"面板中的"自然饱和度"按钮▽，新建一个自然饱和度调整图层，如图3-147所示。

图 3-147

（4）此时图层蒙版中花瓶的位置为白色，其他位置为黑色，可以将调色的范围限定在花瓶上，如图3-148所示。

图 3-148

（5）将"自然饱和度"设置为-100，花瓶偏色的情况减弱，此时图像效果如图3-149所示。

图 3-149

（6）提高花瓶的亮度。单击"调整"面板中的▣按钮，新建一个曲线调整图层。按住Alt键将"自然饱和度"调整图层的图层蒙版向"曲线"调整图层的图层蒙版上拖曳，在弹出的对话框中单击"是"按钮，进行图层蒙版的替换，如图3-150所示。

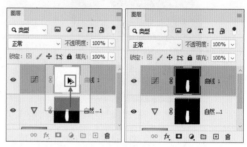

图 3-150

（7）在"属性"面板中将曲线中间调位置向上拖曳进行提亮，如图3-151所示。

图 3-151

（8）案例完成后的效果如图3-152所示。

图 3-152

3.4.26 实操：蓝橙色调的城市夜景

文件路径：资源包\案例文件\第3章图像修饰与调色\实操：蓝橙色调的城市夜景

案例效果如图3-153所示。

图 3-153

1. 项目诉求

本案例需要使图像呈现出独特的、风格化的色彩。

2. 设计思路

本案例通过"通道混合器"调整图像色彩制作蓝橙色调,最后通过曲线制作暗角,增加画面氛围感。

3. 配色方案

城市夜景照片中大面积出现的色彩通常只有两大类:以天空为主的冷色调,以及由城市照明带来的暖色调。本案例将图像中的青、蓝、紫等冷色调统一调整为蓝色,将黄、橙、红等暖色调统一调整为橙色,使图像色彩更纯粹,画面冲击力更强。本案例的配色如图3-154所示。

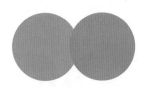

图 3-154

4. 项目实战

操作步骤:

(1) 打开风景素材,如图3-155所示。

图 3-155

(2) 单击"调整"面板中的"通道混合器"按钮 ,新建一个"通道混合器"调整图层。将"输出通道"设置为"绿",将"红色"设置为30%,将"绿色"设置为0%,将"蓝色"设置为70%,如图3-156所示。

图 3-156

(3) 将"输出通道"设置为"蓝",将"蓝色"设置为100%,如图3-157所示。

图 3-157

(4) 此时的图像效果如图3-158所示。

图 3-158

(5) 单击"调整"面板中的"曲线"按钮 ,新建一个曲线调整图层,在"属性"面板中更改曲线的形状,降低暗部的亮度,如图3-159所示。

图 3-159

（6）案例完成后的效果如图3-160所示。

图 3-160

3.5 液化：图像变形

使用"液化"滤镜可以对图像进行拉伸、收缩、扭曲、增大或缩小等调整，从而改变图像的形状、大小和比例。它常用于调整对象的外形，或调整人物的身形、脸型。

（1）选中人物所在的图层，执行"滤镜>液化"命令，打开"液化"窗口。其中，"向前变形工具" ⬛ 可用于向前推动像素。选择该工具后，可以在窗口右侧设置合适的笔尖大小，然后在图像中需要变形的部位拖曳鼠标进行变形，如图3-161所示。

图 3-161

（2）使用"冻结蒙版工具" ⬛ 可以将图像部分保护起来，使该区域不会发生变形。使用"冻结蒙版工具"在需要保护的位置涂抹，光标经过的位置会被半透明的红色覆盖。使用"向前变形工具"涂抹可以发现被冻结的区域没有发生变形，如图3-162所示（使用"解冻蒙版工具" ⬛ 在冻结区域涂抹，可以将其解冻）。

图 3-162

（3）继续对腹部、手臂进行液化变形，最后单击"确定"按钮，效果如图3-163所示。

图 3-163

（4）使用工具箱中的"脸部工具" ⬛ 可以自动识别面部和五官的位置，拖曳控制点可以进行面部调整，如图3-164所示。

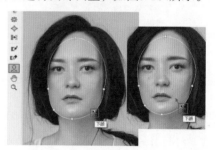

图 3-164

（5）该工具除了可以调整面部轮廓外，还可以对眼睛、鼻子和嘴进行调整，如图3-165和图3-166所示。

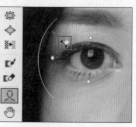

图 3-165

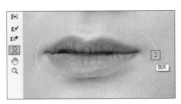

图 3-166

（6）继续对面部进行调整，调整前后的对比效果如图3-167所示。

图 3-167

提示：

"平滑工具" ![] ：使用该工具可以对变形的位置进行平滑处理。

"顺时针旋转扭曲工具" ![] ：使用该工具可使图像内容产生顺时针旋转效果，如图3-168所示。

图 3-168

"褶皱工具" ![] ：使用该工具可使像素向画笔区域的中心移动，使图像产生内缩效果，如图3-169所示。

图 3-169

"膨胀工具" ![] ：使用该工具可以使像素从笔尖中心向外移动产生向外膨胀的效果，如图3-170所示。

图 3-170

"左推工具" ![] ：使用该工具，从上至下拖曳鼠标，像素会向右移动，若从下向上拖曳鼠标，则像素会向左移动，如图3-171所示。

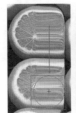 

图 3-171

3.6 扩展练习：调出电影感风光照片

文件路径：资源包\案例文件\第3章图像修饰与调色\扩展练习：调出电影感风光照

案例效果如图3-172所示。

图 3-172

1．项目诉求

本案例需要对风景照片进行调色，营造电影感氛围，增强照片的观赏性和故事性。

2. 设计思路

本案例原本的风景素材没有过多的颜色偏向，整体看起来也不具有情感表达性。本案例尝试将照片调整为复古色调，增加画面中的黄色，通过浓郁的颜色增强画面的感染力。

3. 配色方案

画面采用了中明度的色彩基调，整体颜色的饱和度低、对比较弱，亮部为暖色调，暗部偏冷，形成了冷暖色调的对比，给观者带来丰富的视觉效果。本案例的配色如图3-173所示。

图 3-173

4. 项目实战

操作步骤：

（1）打开风景素材，如图3-174所示。

图 3-174

（2）单击"调整"面板中的"曲线"按钮，新建一个曲线调整图层，如图3-175所示。

图 3-175

（3）在"属性"面板中拖曳控制点将画面亮度对比减弱，让画面看起来更"灰"，如图3-176所示。

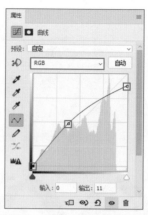

图 3-176

（4）此时的画面效果如图3-177所示。

图 3-177

（5）将通道设置为"蓝"，然后拖曳曲线左下角的点，增加画面中暗部蓝色的用量，如图3-178所示。

图 3-178

（6）此时画面呈现蓝色调，效果如图3-179所示。

图 3-179

（7）新建图层，将前景色设置为淡黄色，按Alt+Delete组合键进行填充，如图3-180所示。

图 3-180

（8）选中该新建图层，将该图层的"混合模式"设置为"正片叠底"，将"不透明度"设置为63%，此时的画面效果如图3-181所示。

图 3-181

（9）将文字素材置入文档内，案例完成后的效果如图3-182所示。

图 3-182

3.7 课后习题

一、选择题

1. Photoshop中哪个命令可用于调整图像的饱和度？（   ）
   A. 色相/饱和度
   B. 亮度/对比度
   C. 曲线
   D. 色阶

2. 在Photoshop中，使用哪个命令/工具可以调整图像的色温？（   ）
   A. 减淡工具
   B. 色相/饱和度
   C. 色彩平衡
   D. 红眼工具

3. 在Photoshop中，以下哪个工具可以修补照片中的划痕、斑点及其他缺陷？（   ）
   A. 画笔工具
   B. 模糊工具
   C. 修补工具
   D. 橡皮擦工具

二、填空题

1. 调整图像的（   ）可以使图像看起来明暗反差更加强烈，视觉效果更加清晰和有深度。

2. 使用（   ）命令可以将彩色图像变为任意色彩的单色图像。

三、判断题

1. "曲线"命令可用于调整图像中的黑色、白色和灰色的数量，但不可调整图像的色彩。（   ）

2. 调整图像的饱和度可以使图像看起来更加生动和有活力。
（   ）

课后实战

● 创意调色

选择一张风景照片，尝试运用本章所学的知识，将照片调整出不同的氛围感，如清新感、复古感、电影感、梦幻感等。

第**4**章
文字与排版

本章将围绕文字和排版进行学习。使用"横排文字工具"和"直排文字工具"可以创建不同形式的文字，包括点文字、段落文字、路径文字和区域文字。在不同的应用场景下，用户应选择不同的文字形式。除了学习如何创建文字外，本章还将学习如何在"字符"和"段落"面板中编辑文字。此外，对于版式的编排，除了使用文字、图形和图像等内容外，如何有序地进行排版也非常重要。所以，本章还将学习如何使用辅助工具使版面更加规范。

本章要点

能力目标

❖ 掌握添加与编辑文字的方法
❖ 熟练运用辅助工具进行规范化制图

4.1 认识文字工具

在Photoshop的工具箱中，文字工具组包含4个工具，其中最常用的是"横排文字工具"  和"直排文字工具" ，如图4-1所示。这两种工具可以用于创建实体文字。

图4-1

使用"横排文字工具"可以创建横向排列的文字，如图4-2所示。使用"直排文字工具"可以创建垂直排列的文字，如图4-3所示。这两种工具的使用方法相同，区别在于输入文字的排列方式不同。

图4-2

图4-3

图4-4所示为"横排文字工具"选项栏。

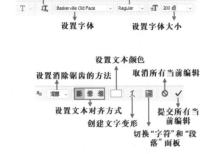

图4-4

提示：

"横排文字蒙版工具" 和"直排文字蒙版工具" 可以用来创建文字形状的选区，如图4-5所示。

图4-5

4.2 创建文字

"横排文字工具"和"直排文字工具"可以用来创建点文字、段落文字、路径文字、区域文字。这几种类型文字的主要差别在于文字的排布形式不同，以及适用的场合也不同。

4.2.1 创建点文字

"点文字"是一种文字形式，比较适用于少量文字的展示。在输入点文字时，文字会一直向后排列，不会因为输入画面以外就停止或换行，换行需要按Enter键。使用"横排文字工具"和"直排文字工具"都可以创建点文字。

（1）选择工具箱中的"横排文字工具"，单击选项栏中的"设置字体"下拉按钮，在下拉列表中选择合适的字体，并设置字号和颜色，然后在画面中单击，随后输入文字，如图4-6所示。

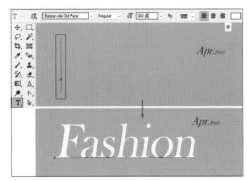

图4-6

（2）要换行时，需要按Enter键继续进行文字的输入。文字输入完成后，需要单击选项栏中的“提交所有当前编辑”按钮✓，或者 按Ctrl+Enter组合键提交操作，如图4-7所 示（如 果不提交编辑操作，则无法进行下一步操作）。

Apr.2066
Fashion
Beauty

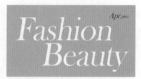

图 4-7

（3）文字添加完成后会生成文字图层，在选中文字图层和文字工具的状态下，可以在选项栏中更改文字属性，如图4-8所示。也就是说，可以在输入文字内容前设置文字属性，也可以在输入文字后设置文字属性。

Fashion
Beaut

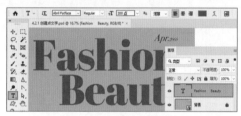

图 4-8

（4）如果只想调整部分文字的属性，则选择“横排文字工具”，在需要调整的文字上拖曳鼠标将其选中后更改。例如，更改文字颜色，完成后单击选项栏中的✓按钮，如图4-9所示。

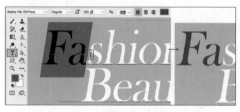

图 4-9

（5）“直排文字工具”的使用方法与“横排文字工具”的使用方法相同，如图4-10所示。

Fashion

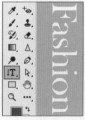

图 4-10

提示：

选中文字图层，单击选项栏中的“切换文本取向”按钮，可以实现横排文字与直排文字之间的相互转换。

4.2.2 创建段落文字

段落文字常用于制作多行文本，可以用于长篇文章、海报、广告等设计作品中。段落文字具有自动换行、可方便调整文字区域等优势。

（1）选择工具箱中的“横排文字工具”，在画面中按住鼠标左键拖曳，释放鼠标左键即完成文本框的绘制操作，如图4-11所示。后续输入的文字都只会出现在这个范围中。

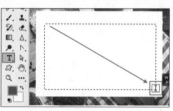

图 4-11

（2）在选项栏中可以设置合适的字体、字号和文字颜色，然后输入文字。当文字输入至文本框边缘时，继续输入文字会自动换行，如图4-12所示。

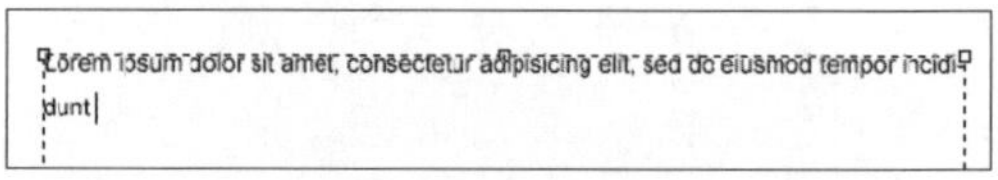

Lorem ipsum dolor sit amet, consectetur adipisicing elit, sed do eiusmod tempor incidi
dunt

图 4-12

（3）只想预览文字的排版效果，不在乎文字内容时，可以在文本框内自动添加“假字”。执行“文字>粘贴Lorem Ipsum”命令，可在文本框内填充“假字”，如图4-13所示。

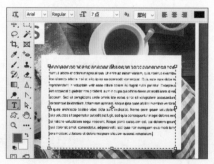

图 4-13

（4）将光标移动到文本框边缘处拖曳鼠标可调整文本框的大小，调整文本框大小后文字的排列也会发生变化，如图4-14所示。

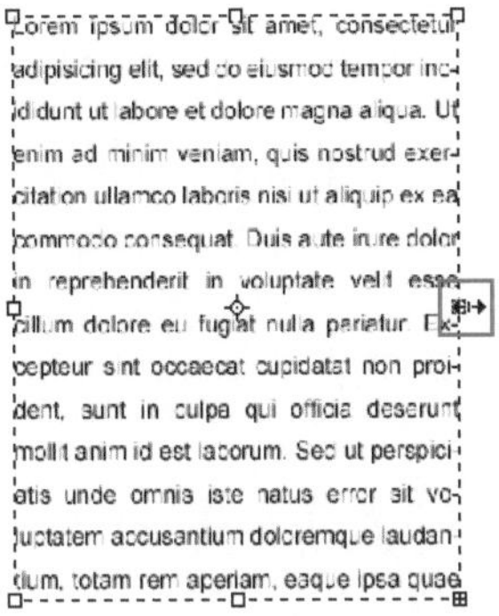

图 4-14

提示：
　　当文本框右下角显示为⊞时，表示文本框中有未显示的字符，要显示被隐藏的字符可以将文本框放大或将字号调小。

4.2.3 创建区域文字

　　区域文字与段落文本相似，也可将文字限定在特定区域中，同样可以方便地自动换行和调整区域大小。其差别在于区域文字可以在不规则的范围内添加文字，而这个范围只需要用矢量工具绘制出闭合路径即可。

　　（1）绘制区域文字限定的范围。选择"钢笔工具" ⌀，在选项栏中设置"绘制模式"为"路径"，然后绘制一个闭合图形，如图4-15所示。

将光标移动至图形的内部，当光标变为Ⓘ形状后单击，如图4-16所示。

图 4-16

　　（3）此时路径已转换为文本框，如图4-17所示。

图 4-17

　　（4）在文本框中输入文字，文字会在该区域内排列，如图4-18所示。

图 4-18

4.2.4 创建沿路径排列的文字

　　通常的文字只会沿着直线水平或垂直排列，路径文字则可以沿着曲线、折线或任意线条排列。路径文字是在路径上添加文字的一种形式。路径文字会沿着路径排列，改变路径形状时，文字的排列方式也会随之发生改变。

图 4-15

　　（2）选择工具箱中的"横排文字工具"，

（1）绘制一条路径，如图4-19所示。

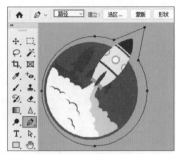

图 4-19

（2）选择工具箱中的"横排文字工具"，在选项栏中设置合适的字体、字号，将光标移动到路径上，此时光标变为工形状，单击可看到闪烁的光标，如图4-20所示。

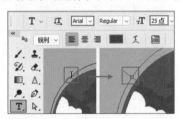

图 4-20

（3）输入文字，此时文字会沿着路径排列，如图4-21所示。

图 4-21

（4）改变路径形状时，文字的排列方式也会随之发生改变，如图4-22所示。

图 4-22

4.2.5 创建变形文字

变形文字是对已有文字进行变形操作后形成的。在"变形文字"对话框中可以选择不同的变形样式，如贝壳形、鱼形、花冠形等。

（1）选中文字图层，单击文字工具选项栏中的"创建文字变形"按钮工，如图4-23所示。

图 4-23

（2）在弹出的"变形文字"对话框中，"样式"用于选择变形文字的方式，单击⌄按钮，下拉列表中有多种样式，通过名称左侧的小图标可以预判变形效果，这里选择"上弧"选项。"水平"和"垂直"用于设置变形的方向。接着更改"弯曲"数值，最后单击"确定"按钮，如图4-24所示。

图 4-24

（3）此时文字效果如图4-25所示。

图 4-25

（4）再次创建点文字，同样使用"变形文字"功能，尝试其他"样式"，接着进行参数调整，最后单击"确定"按钮，如图4-26所示。

图 4-26

提示：

要去除变形效果，选中文字图层后，在"变形文字"对话框中将"样式"设置为"无"即可，如图4-27所示。

图 4-27

4.2.6 创建 3D 文字

在Photoshop中可以轻松地将平面化的文字转换为三维效果的文字。

（1）选中文字图层，单击文字工具选项栏中的"3D"按钮 3D，如图4-28所示。

图 4-28

（2）在弹出的对话框中单击"是"按钮，创建3D图层并切换到3D工作区。在3D面板中选择文字所在的条目，在"属性"面板中设置参数，这里可以适当调整"凸出深度"，如图4-29所示。

图 4-29

（3）此时文字产生了立体效果，如图4-30所示。

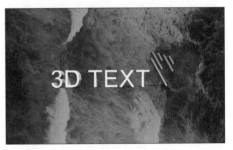

图 4-30

提示：

要想调整3D文字的角度或形态，也可在选择"移动工具"的状态下，使用选项栏中的3D工具进行调整，如图4-31所示。

3D 模式：

图 4-31

如需调整3D文字的材质或受光等属性，则需要使用3D面板及"属性"面板。

4.2.7 实操：创建文字制作专题封面

文件路径：资源包\案例文件\第4章文字与排版\实操：创建文字制作专题封面

案例效果如图4-32所示。

图 4-32

1. 项目诉求

本案例需要制作一个图文结合的专题封面，要求画面以图像为主，在合适的位置添加文字信息。

2. 设计思路

本案例主要使用"横排文字工具"，由于文章内容包括单行的标题、作者名称文字，也包括一段正文，因此需要采取两种不同的方式创建。单行文字以点文字的形式呈现，正文部分则以段落文字的形式呈现，这样版面规整且易于调整。

3. 配色方案

由于版面中的背景图是事先给定的，因此文字颜色需要根据背景图的颜色来选择。当前的背景图大，面积区域偏暗，要想使位置信息清晰可见就需要使用高明度的文字。标题和正文使用白色，作者名称使用了明度较高的淡黄色，与背景中的高亮区域色彩相呼应。本案例的配色如图4-33所示。

图 4-33

4. 项目实战

操作步骤：

（1）打开背景素材1，如图4-34所示。

图 4-34

（2）选择工具箱中的"横排文字工

具" 🅣，在画面文字的起始位置单击插入光标，在选项栏中选择合适的字体、字号，将文字颜色设置为白色，接着输入文字内容，如图4-35所示。文字输入完成后按Ctrl+Enter组合键完成操作。

图 4-35

（3）使用相同的方式添加副标题的黄色文字，如图4-36所示。

图 4-36

（4）再次选择工具箱中的"横排文字工具"，在文字下方拖曳鼠标绘制文本框，然后在选项栏中设置合适的字体、字号，并将文字颜色设置为白色，如图4-37所示。

图 4-37

（5）在文本框内输入文字，案例完成效果如图4-38所示。

图 4-38

4.3 编辑文字

4.3.1 在"字符"面板中更改文字属性

单击文字工具选项栏中的■按钮或执行"窗口>字符"命令打开"字符"面板，如图4-39所示。在该面板中除了可以对字体、字号、文字颜色等属性进行调整外，还可以对字距、行距、缩放、样式等属性进行调整。

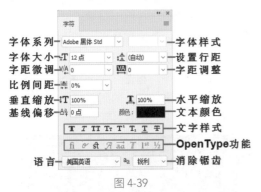

图 4-39

（1）选中文字图层，单击"仿斜体"按钮 *T* 可以添加倾斜效果，单击"全部大写字母"按钮 TT 可以将小写字母转换为大写字母，如图4-40所示。

图 4-40

（2）"设置行距"选项 用于设置上一行文字与下一行文字之间的距离。

（3）"字距微调"选项 用于设置两个字符之间的距离，如图4-41所示。在两个字符之间插入光标，然后在"字符"面板中调整"字距微调"数值。输入正值时，字距扩大；输入负值时，字距缩小。

（4）"字距调整"选项 用于设置所选字符的间距。数值为正时，字间距扩大；数值为负时，字间距缩小，如图4-42所示。

图 4-41

图 4-42

（5）"垂直缩放" 和"水平缩放" 用于设置所选字符的垂直或水平缩放比例，以调整文字的高度或宽度，如图4-43所示。其默认数值为100%。

图 4-43

4.3.2 在"段落"面板中设置格式

单击文字工具选项栏中的■按钮或执行"窗口>段落"命令打开"段落"面板，在该面板中可以对文本的对齐方式、缩进方式、段前/段后空格、避头尾法则、间距组合等属性进行设置，如图4-44所示。

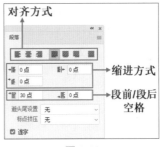

图 4-44

（1）选中段落文本图层，默认情况下对齐方式为"文本左对齐"，此时段落文本左对齐，段落右端参差不齐，如图4-45所示。

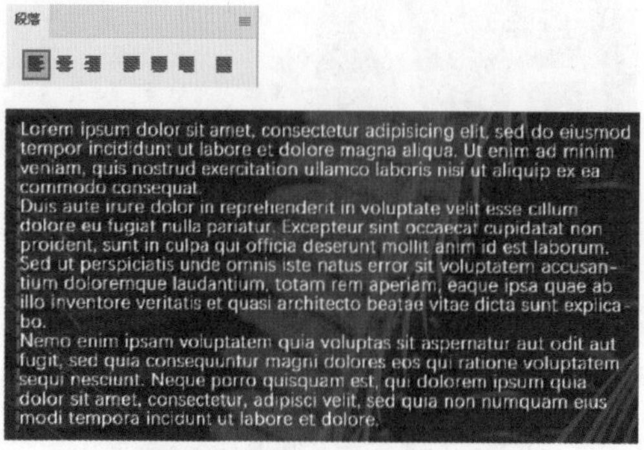

图 4-45

（2）单击"居中对齐文本"按钮，段落文本会居中对齐，段落两端参差不齐；单击"右对齐文本"按钮，段落文本会右对齐，段落左端参差不齐，如图4-46所示。

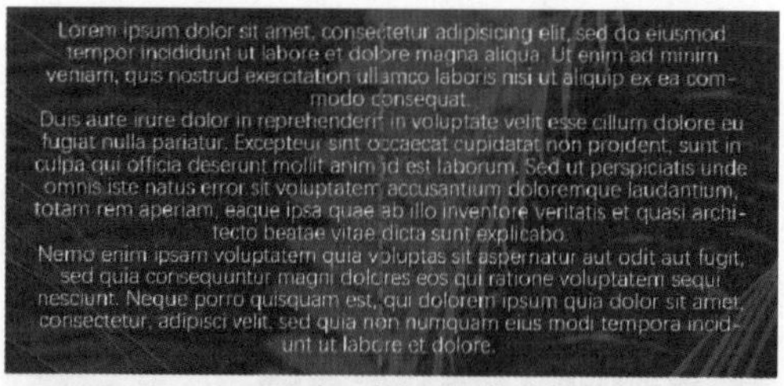

居中对齐文本

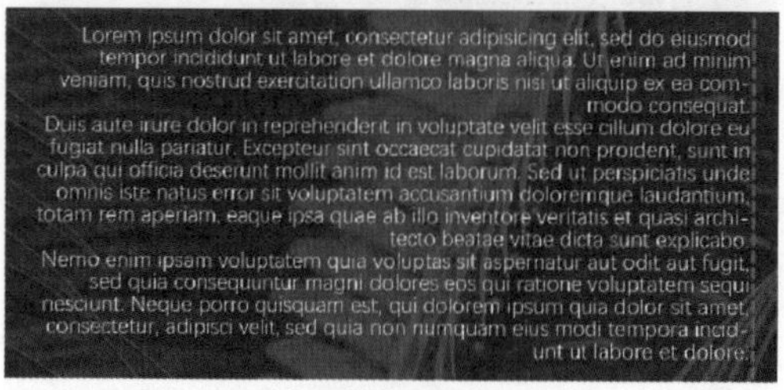

右对齐文本

图 4-46

（3）这些对齐方式最常用的是"最后一行左对齐"，单击该按钮可以看到文本最后一行左对齐，其他行左右两端强制对齐，如图4-47所示（段落文本、区域文字可用，点文本不可用）。

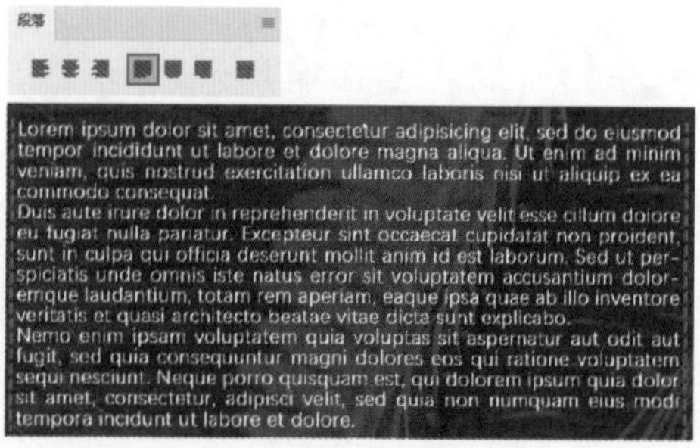

图 4-47

（4）单击"最后一行居中对齐"按钮可以将文本最后一行居中对齐，其他行左右两端强制对齐；单击"最后一行右对齐"按钮可以将文本最后一行右对齐，其他行左右两端强制对齐；单击"全部对齐"按钮可以在字符间添加额外的间距，使文本左右两端强制对齐，如图4-48所示。

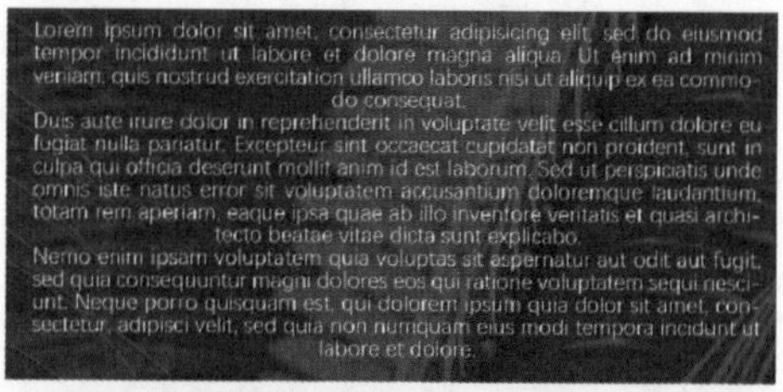

最后一行居中对齐

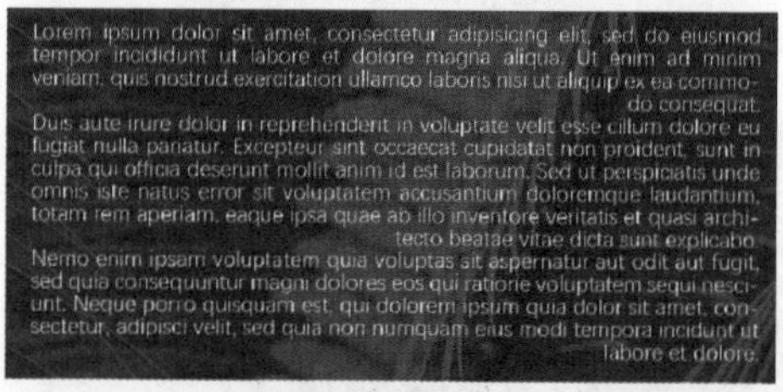

最后一行右对齐

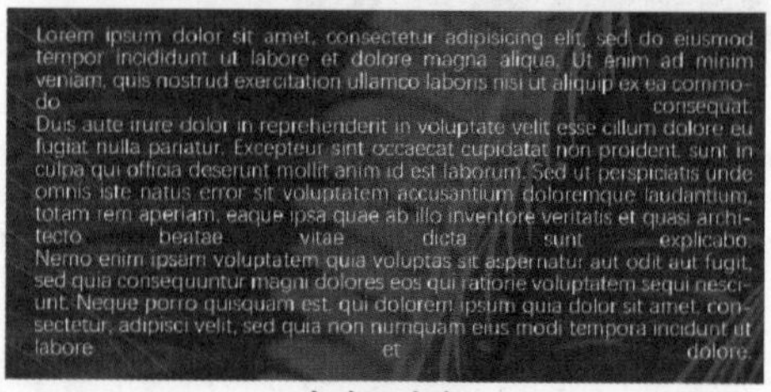

全部对齐

图 4-48

（5）"首行缩进"用于设置段落文本每个段落的第一行文字向右（横排文字）或第一列文字向下（直排文字）的缩进量，如图4-49所示。

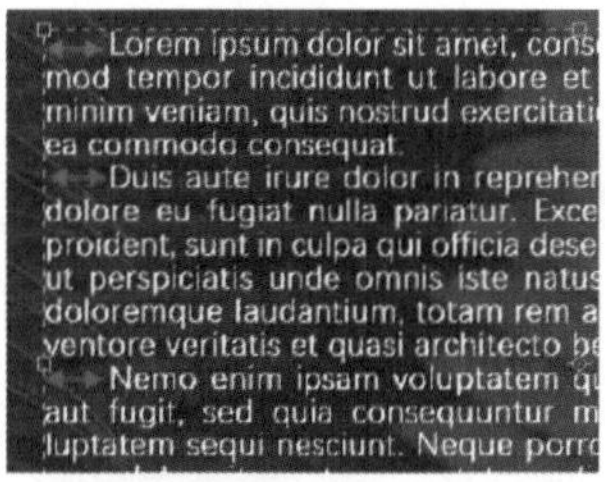

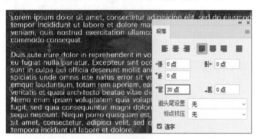

图 4-49

（6）"段前添加空格" ■/"段后添加空格" ■可以在所选段落上方或下方段落添加间距。首先在段落中插入光标，然后设置参数，如图4-50所示。（如果不插入光标，则可以调整整个文本框中段落的间距。）

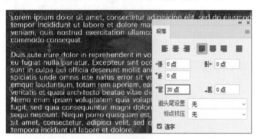

图 4-50

4.3.3 栅格化文字

使用文字工具创建文字后，文字属于矢量对象，栅格化后矢量对象将转换为像素。栅格化后文字属性会消失，不能继续调整字体、字号、对齐方式等属性。

（1）选中文字图层，执行"文字>栅格化文字图层"命令，或者在文字图层上单击鼠标右键，执行"栅格化文字"命令，如图4-51所示。

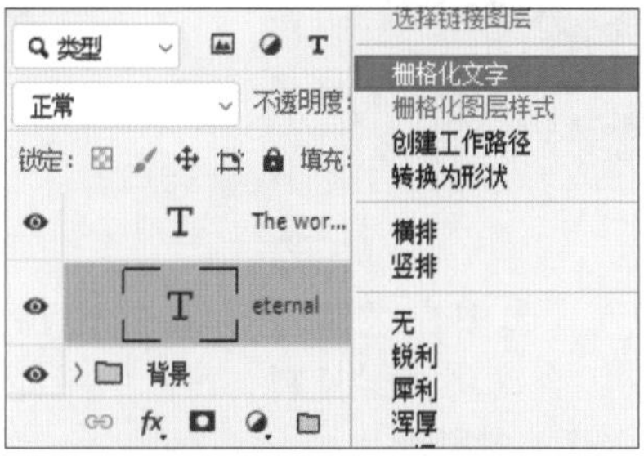

图 4-51

（2）文字图层栅格化后将失去文字属性，此时可以使用"橡皮擦工具"擦除部分像素，如图4-52所示。

图 4-52

4.3.4 实操：杂志页面排版

文件路径：资源包\案例文件\第4章文字与排版\实操：杂志页面排版

案例效果如图4-53所示。

图 4-53

1．项目诉求

本案例需要设计生活类杂志内页，内容以美食、宠物为主题，要求页面具有吸引力和趣味性。

2．设计思路

图像与文字相比，先天就具有更强的视觉吸引力。以美食和宠物作为主要内容，可以选取高质量的美食和宠物图片，以丰富视觉效果和提升读者的兴趣。

本案例的制作重点在于右侧的文字部分。标题文字为两行，需要按Enter键换行。下方的多段正文可以运用"段落"面板设置其对齐方式和段间距。

3．配色方案

页面采用同类色的配色方式，以粉色作为主色调，大面积的粉色形成了易于识别、记忆的视觉语言，温馨、浪漫、美好之感溢出画面，给人留下深刻的印象。本案例的配色如图4-54所示。

图 4-54

4. 项目实战

操作步骤：

（1）新建一个"宽度"为2480像素、"高度"为1796像素的空白文档。执行"文件>置入嵌入对象"命令，将素材1置入文档内，调整大小后按Enter键完成操作，如图4-55所示。

图 4-55

（2）继续将另外两个素材置入文档内，并摆放到合适的位置，如图4-56所示。

图 4-56

（3）添加标题文字。选择工具箱中的"横排文字工具"，在页面右侧单击插入光标，在选项栏中设置合适的字体、字号，并设置文字颜色为砖红色，设置完成后输入文字，在需要换行时按Enter键，如图4-57所示。文字输入完成后按Ctrl+Enter组合键完成操作。

图 4-57

（4）选中该文字所在的图层，执行"窗口>字符"命令，打开"字符"面板，在该面板中将"行距"设置为18点，单击"全部大写字母"按钮，此时标题制作完成，如图4-58所示。

图 4-58

（5）继续使用"横排文字工具"在锯齿图形中添加白色文字，如图4-59所示。

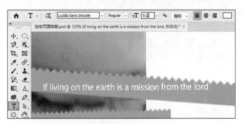

图 4-59

（6）文字添加完成后按Ctrl+T组合键进入自由变换模式，拖曳控制点将其旋转，使文字的角度与底部图形的角度相吻合。变换完成后按Enter键确认，如图4-60所示。

图 4-60

（7）选中白色文字所在的图层，按Ctrl+J组合键将图层复制一份，然后向下移动，如图4-61所示。

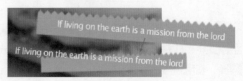

图 4-61

（8）双击复制图层的缩略图，将该图层中的文字全选，如图4-62所示。

图 4-62

（9）输入新的文字。文字输入完成后按Ctrl+Enter组合键确认，如图4-63所示。

图 4-63

（10）将文字旋转，并通过相同的方法制作最底部的文字，如图4-64所示。

图 4-64

（11）制作段落文字。选择工具箱中的"横排文字工具"，在空白位置拖曳鼠标绘制文本框，在选项栏中设置合适的字体、字号，并将文字颜色设置为黑色，如图4-65所示。

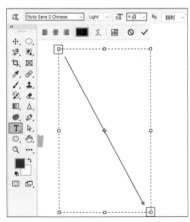

图 4-65

（12）在文本框中输入4段文字，完成后按Ctrl+Enter组合键确认。选中段落文字图

层，在"字符"面板中设置"行距"为6点，如图4-66所示。

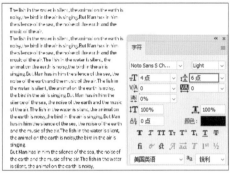

图 4-66

（13）执行"窗口>段落"命令，打开"段落"面板，单击"最后一行左对齐"按钮圆，设置"段前添加空格"为5点，效果如图4-67所示。

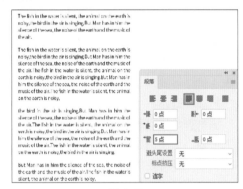

图 4-67

（14）调整段落文字，案例完成后的效果如图4-68所示。

图 4-68

4.3.5 实操：甜品信息吊牌

文件路径：资源包\案例文件\第4章文字与排版\实操：甜品信息吊牌

案例效果如图4-69所示。

图 4-69

1. 项目诉求

本案例需要设计附着在甜品礼盒上的吊牌，要求吊牌上体现产品外观，以及产品相关的文字信息。

2. 设计思路

吊牌外形设计为圆角矩形，给人以安全、舒适、可爱的心理暗示。吊牌正面展示了产品的图像，以及品名、尺寸、口味等重要信息，能够给消费者留下良好的印象。配料表、价格等辅助信息则放在背面展示。

3. 配色方案

该吊牌整体色彩明度高，白色搭配粉色给人可爱、浪漫的感觉，非常适用于甜品类休闲食品。咖啡色的标题文字与产品颜色相呼应，形成统一的视觉感受。作为调和色，不同程度的灰色让文字信息条理清晰，充满层次感。本案例的配色如图4-70所示。

图 4-70

4. 项目实战

操作步骤：

（1）新建一个"宽度"为4厘米、"高度"为8.5厘米的空白文档。将前景色设置为灰色，按Alt+Delete组合键进行填充，如图4-71所示。

图 4-71

（2）选择"矩形工具"，在选项栏中将"绘制模式"设置为"形状"，将"填充"设置为白色，将"描边"设置为"无"，将"圆角半径"设置为50像素。设置完成后，按住鼠标左键在画面中拖曳绘制一个与画板大小相同的圆角矩形，如图4-72所示。

图 4-72

（3）选中"矩形"图层，单击"图层"面板底部的"添加图层蒙版"按钮回，为该图层添加一个图层蒙版，如图4-73所示。

图 4-73

（4）将前景色改为黑色，使用"椭圆选框工具"回在吊牌顶部绘制一个正圆选区，然后单击选择图层蒙版，按Alt+Delete组合键填充前景色，将选区中的像素隐藏，如图4-74所示。

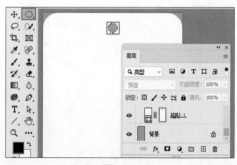

图 4-74

Photoshop 2022 平面设计案例教程（全彩慕课版）

（5）选择"钢笔工具"，在选项栏中设置"绘制模式"为"形状"，在画面顶部绘制一个四边形，然后在选项栏中将"填充"设置为粉色，将"描边"设置为"无"，如图4-75所示。

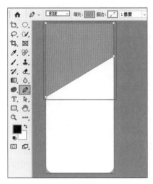

图 4-75

（6）在"图层"面板中选中粉色梯形所在的图层，单击鼠标右键，执行"创建剪贴蒙版"命令，如图4-76所示。

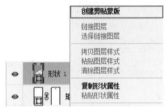

图 4-76

（7）设置完成后的图形效果如图4-77所示。

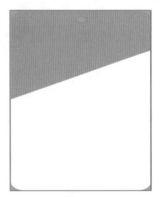

图 4-77

（8）选择工具箱中的"横排文字工具"，在画面中单击插入光标，在选项栏中设置合适的字体与字号，并将文字颜色设置为黑色，接着输入文字，输入完成后按

Ctrl+Enter组合键完成操作，如图4-78所示。

图 4-78

（9）选中该文字所在的图层，按Ctrl+T组合键调出定界框，拖曳控制点进行旋转，将文字旋转至与粉色图形平行，旋转完成后按Enter键完成操作，如图4-79所示。

图 4-79

（10）再次选中文字所在的图层，在"图层"面板中将该文字图层的"不透明度"调整为30%，如图4-80所示。

图 4-80

（11）此时文字图层效果如图4-81所示。

图 4-81

（12）再次选择工具箱中的"横排文字工具" T，在画面中单击插入光标，在选项栏中设置合适的字体与字号，并将文字颜色设置为深灰色，接着输入文字，输入完成后按Ctrl+Enter组合键完成操作，如图4-82所示。

图 4-82

（13）继续使用"横排文字工具"添加其他文字，如图4-83所示。

图 4-83

（14）选择"椭圆工具" ◯，在选项栏中将"绘制模式"设置为"形状"，将"填充"设置为粉色，将"描边"设置为"无"。在浅灰色文字左侧按住Shift键的同时拖曳鼠标绘制较小的正圆，如图4-84所示。

图 4-84

（15）选择刚才绘制的正圆，在按住

Shift+Alt组合键的同时向下拖曳鼠标复制该正圆，如图4-85所示。

（16）重复该操作，再次复制两个正圆，如图4-86所示。

图 4-85   图 4-86

（17）执行"文件>置入嵌入对象"命令，在打开的"置入嵌入的对象"对话框中单击选择素材1，然后单击"置入"按钮，将素材1置入，如图4-87所示。

图 4-87

（18）拖曳控制点调整素材1图像的大小和位置，然后按Enter键确认。在"图层"面板中选中素材1所在的图层，单击鼠标右键，执行"栅格化图层"命令，将图层栅格化，效果如图4-88所示。

图 4-88

（19）在"图层"面板中按住Shift键选中除背景图层外的所有图层，按Ctrl+G组合键合成一个新的图层组，并命名为"组1"，如图4-89所示。

图 4-89

Photoshop 2022 平面设计案例教程（全彩慕课版）

（20）此时吊牌正面制作完成，效果如图4-90所示。

图 4-90

（21）隐藏"组1"图层组，单击"图层"面板底部的"创建新组"按钮，新建一个图层组，并命名为"组2"，如图4-91所示。余下操作都将在这个图层组中进行。

图 4-91

（22）选中"组1"中带有圆孔的矩形所在图层，按Ctrl+J组合键复制一份，在"图层"面板中选中复制的图层，将其拖曳到"组2"中，如图4-92所示。

图 4-92

（23）使用"横排文字工具" T 在画面中单击插入光标，在选项栏中设置合适的字体、字号，并将文字颜色设置为粉色，然后输入文字，输入完成后按Ctrl+Enter组合键完成操作，如图4-93所示。

图 4-93

（24）继续使用"横排文字工具"添加其他文字信息。此时吊牌背面制作完成，效果如图4-94所示。

图 4-94

（25）按住Ctrl键的同时选中这两个图层组，单击鼠标右键，在弹出的快捷菜单中执行"快速导出为PNG"命令，如图4-95所示。

图 4-95

（26）在弹出的"选择文件夹"对话框中选择保存的位置，单击"选择文件夹"按钮，如图4-96所示。

图 4-96

（27）制作展示效果。执行"文件>新建"命令，新建一个"宽度"为2202像素、"高度"为1557像素的空白文档。选择"渐变工具"，打开"渐变编辑器"对话框，编辑一个淡淡蓝色系的渐变色，设置"渐变类型"为"线性渐变"，如图4-97所示。

图 4-97

（28）设置完成后，选择"渐变工具"，在画面中拖曳鼠标填充渐变，如图4-98所示。

图 4-98

（29）执行"文件>置入嵌入对象"命令，分别置入刚才保存的吊牌正反面图像。按Ctrl+T组合键对这两张图像的大小进行

更改，并将其摆放到画面合适的位置，如图4-99所示。

图 4-99

（30）选中吊牌正面所在的图层，执行"图层>图层样式>投影"命令，将"混合模式"设置为"正片叠底"，将"填充"设置为黑色，将"不透明度"设置为10%，将"角度"设置为131度，将"距离"设置为9像素，将"扩展"设置为0%，将"大小"设置为6像素，如图4-100所示。设置完成后单击"确定"按钮。

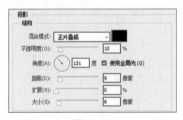

图 4-100

（31）选中吊牌正面所在的图层，单击鼠标右键，在弹出的快捷菜单中执行"拷贝图层样式"命令，如图4-101所示。

图 4-101

（32）选中吊牌背面所在的图层，单击鼠标右键，在弹出的快捷菜单中执行"粘贴图层样式"命令，如图4-102所示。此时吊牌背面图层产生相同的投影图层样式。

图 4-102

（33）案例完成后的效果如图4-103所示。

图 4-103

4.4 运用辅助工具

在排版过程中，将各元素整齐排布是非常重要的。为了满足排版要求，Photoshop中提供的辅助工具非常实用。例如，页面中的元素需要对齐，或需要在特定的区域内放置元素时，标尺、参考线、网格等辅助工具就派上用场了。这些工具可以帮助用户选择、定位和编辑图像。

参考线、网格等辅助工具都是虚拟对象，不会影响画面效果，也不能打印输出。

4.4.1 使用标尺与参考线

标尺与参考线是一对需要协同使用的功能，它们能够帮助用户更为精准地进行对齐操作。

（1）执行"视图>标尺"命令，画面边缘将显示出标尺。将光标移动到标尺上，按住鼠标左键将标尺向画面内拖曳，释放鼠标左键后即完成参考线的创建，如图4-104所示。

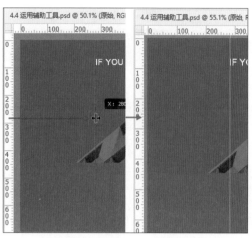

图 4-104

（2）横向参考线的创建方法相同，将顶部的标尺向下拖曳即可。继续向画面中添加多条参考线，如图4-105所示。

图 4-105

（3）根据参考线进行排版，例如调整各部分文字的位置。首先确保"视图>对齐"命令处于启用状态，然后执行"视图>对齐到>参考线"命令，移动文字时，文字边缘会自动吸附到参考线上，如图4-106所示。

图 4-106

（4）选择工具箱中的"移动工具" ⊕，将光标移动至参考线上，光标变为 ↔ 形状后可以拖曳参考线，如图4-107所示。将参考线拖曳到标尺上可以对其进行删除操作。

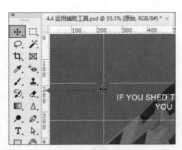

图 4-107

提示:

　　执行"视图>显示>参考线"命令可以控制参考线的显示与隐藏,也可以按Ctrl+;组合键进行参考线的显示与隐藏。

4.4.2　使用网格规范版面

　　用户在制作标志或进行网格排版时,启用"网格"功能可以更精准地控制对象的位置。

　　执行"视图>显示>网格"命令或者按Ctrl+'组合键调出网格,显示网格后可以参考网格的位置调整对象在画面中的位置,如图4-108所示。

图 4-108

提示:

　　确保"视图>对齐到>网格"命令处于启用状态,可以在移动操作过程中方便地将对象对齐到网格。

4.5　扩展练习:儿童教育机构宣传广告

文件路径:资源包\案例文件\第4章文字与排版\扩展练习:儿童教育机构宣传广告

案例效果如图4-109所示。

图 4-109

1.项目诉求

　　本案例需要为儿童教育机构设计宣传广告,要求画面简洁、宣传有力,能够快速抓住消费者的眼球,体现品牌核心价值和卖点,给消费者留下深刻的印象。

2.设计思路

　　作为新进入市场的品牌,只有先让消费者认识、记住,进而才能够获得消费者的"认可"。所以,此类广告的设计要点在于给消费者留下深刻的印象。版面不需要有过多的内容,否则会造成消费者注意力分散。清晰的品牌名称、明确的品牌卖点,结合以图像为主的特征化元素,足矣!

3.配色方案

　　该广告以明黄色作为主色调,该颜色的纯度和明度都很高,具有很强的视觉冲击力,而且该颜色应用在儿童教育行业具有朝气、活力、欢乐等积极的象征意义。本案例的配色如图4-110所示。

图 4-110

4.项目实战

操作步骤:

　　(1)新建一个宽度为1280像素、高度为622像素的空白文档。将前景色设置为明黄色,按Alt+Delete组合键进行填充,如图4-111所示。

图 4-111

（2）选择工具箱中的"横排文字工具"T，在画面中单击，在选项栏中设置合适的字体、字号，并设置文字颜色为白色，在画面中输入标题文字，如图4-112所示。

图4-112

（3）使用"横排文字工具"T在字母B左侧拖曳鼠标将其选中，然后在选项栏中增大其字号，如图4-113所示。

图4-113

（4）文字输入完成后按Ctrl+Enter组合键完成操作，效果如图4-114所示。

图4-114

（5）选中文字所在的图层，执行"窗口>字符"命令，在"字符"面板中将"字距调整"设置为"-80"，如图4-115所示。

图4-115

（6）此时字符之间的距离变得紧凑，适当调整标题文字在画面中的位置，效果如图4-116所示。

图4-116

（7）继续使用"横排文字工具"在标题文字右上方和底部添加文字，如图4-117所示。

图4-117

（8）按Ctrl+R组合键调出标尺，创建水平方向的参考线，如图4-118所示。

图4-118

（9）根据参考线的位置调整副标题文字的位置，如图4-119所示。

图4-119

（10）执行"文件>置入嵌入对象"命令，将素材1置入文档内，按Enter键完成操作。案例完成后的效果如图4-120所示。

图4-120

一、选择题

1. 使用Photoshop 中的文字工具能够创建出以下哪种文字?（　　）
   A. 点文字
   B. 路径文字
   C. 段落文本
   D. 以上均可

2. 在Photoshop中可以将文字图层转化为矢量对象功能的是（　　）。
   A. 转换为形状
   B. 合并图层
   C. 新建图层
   D. 反相选区

3. 在Photoshop中用于调整文本大小的组合键是（　　）。
   A. Ctrl + S
   B. Ctrl + Z
   C. Ctrl + C
   D. Ctrl + T

二、填空题

1. 在Photoshop中，使用（　　　　）工具可以在图像中添加文本。
2. （　　　　）面板可以用于调整本的字体、字号等属性。
3. 可以在（　　　　）面板中设置段落文字的对齐方式。

三、判断题

1. 在Photoshop中，可以使用形状工具创建文本框，然后在其中输入文本。 （　　）
2. 在Photoshop中，可以创建出垂直的文本。 （　　）

课后实战

● 杂志排版

运用本章及之前章节所学的知识，使用Photoshop进行杂志内页的排版。内容主题不限，可以是任何你感兴趣的内容，如音乐、体育、科技、旅行等。版面要有明确的主题和目标受众，要包含标题文字及大段文字。

第**5**章

抠图与合成

抠图是进行图像处理和设计制图必学的操作，它是指将一张图像中的某个对象或者人物从背景中分离出来，通常是为了对其进行单独处理或用于其他背景中的合成操作。

本章要点

📁 能力目标

❖ 了解不同抠图工具的特性与优势

❖ 熟练掌握常见对象的抠图操作

❖ 熟练掌握使用"钢笔工具"抠取复杂对象的方法

5.1 抠图常用技法

在Photoshop中，抠图主要通过以下两种思路实现：①创建出主体物的选区，将选区部分单独提取出来；②获取背景的选区并删除背景部分。无论是哪种思路，几乎都绕不开"选区"的创建，如图5-1所示。

图 5-1

不同的工具和方法适用于不同的图像和需求。在Photoshop中有多种可以轻松识别主体物/背景选区的工具，如"对象选择工具""快速选择工具""魔棒工具""磁性套索工具""色彩范围"等。当使用以上工具无法精确抠图时，可以使用"钢笔工具"创建更加复杂而精确的选区；遇到如发丝、大片植物等复杂边缘时，需要使用"选择并遮住"命令；遇到如薄纱、云雾、玻璃杯等半透明对象时，需要使用"通道抠图"技法。

随着技术的不断进步，Photoshop的智能抠图功能也越来越成熟。学习本节内容后，读者既要掌握抠图工具的操作方法，也要在日常练习中摸索如何在不同情况下选择合适的抠图方法，以达到事半功倍的效果。

5.1.1 智能抠图：对象选择工具

使用"对象选择工具"能够智能查找对象边缘，从而实时创建出选区。这种抠图方法比较适合抠取清晰明确的对象。

（1）选择工具箱中的"对象选择工具"，在选项栏中勾选"对象查找程序"复选框，将光标移动至需要抠取的对象上。稍等片刻，Photoshop会自动识别出对象边缘并高亮显示，单击鼠标左键即可得到对象的选区，如图5-2所示。

（2）如果所选对象颜色比较复杂，则可以在图像中指定自动选择的范围。在选项栏中设置选区的运算模式为"添加到选区"

，"模式"选项用于选择绘制选区的工具（包括"矩形"和"套索"两个工具），这里将"模式"设置为"矩形"，在需要选择的对象上绘制选区，如图5-3所示。

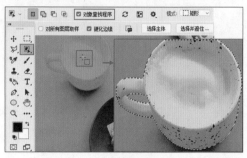

图 5-2

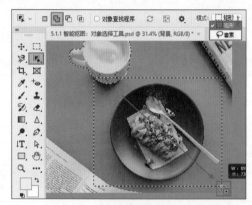

图 5-3

（3）释放鼠标左键后稍等片刻，Photoshop会自动找到对象的边缘，从而得到其选区，如图5-4所示。

图 5-4

（4）除上述方法外，单击选项栏中的"选择主体"按钮，或执行"选择>主体"命令，也可得到图像中主体对象的选区，如图5-5所示。（在使用"对象选择工具""快

Photoshop 2022 平面设计案例教程（全彩慕课版）

速选择工具"或"魔棒工具"时，选项栏中也包含"选择主体"功能。）

图 5-5

（5）得到选区后，按Ctrl+J组合键将选区中的对象复制到独立图层，最后置入新的背景完成合成，如图5-6所示。

图 5-6

5.1.2 发丝抠图

"选择并遮住"命令主要用于细化选区的边缘，常用于抠取头发、动物绒毛、繁茂的植物等。

（1）选择工具箱中的"对象选择工具" ，单击选项栏中的"选择主体"按钮，得到图像中主体对象的选区，如图5-7所示。

图 5-7

（2）此时可以看到毛发边缘比较复杂，

需要进一步处理。单击选项栏中的"选择并遮住"按钮，或者执行"选择>选择并遮住"命令，打开"选择并遮住"工作区。选择左侧工具箱中的"调整边缘画笔工具" ，单击选项栏中的"恢复原始边缘"按钮 ，调整至合适的笔尖大小，然后在头发边缘涂抹，随着涂抹的进行可以看到发丝的区域越来越精确，如图5-8所示。

图 5-8

（3）如果当前的抠图效果展示得不够清晰，则可以在界面右侧的"视图"下拉列表中选择不同的预览方式，如图5-9所示。

图 5-9

（4）涂抹完成后还可以看到残留的背景像素，这里展开"输出设置"选项，勾选"净化颜色"复选项，根据缩览图调整"数量"数值控制"净化颜色"的强度，设置"输出到"为"新建带有图层蒙版的图层"，单击"确定"按钮，如图5-10所示。

图 5-10

（5）此时会新建一个带有图层蒙版的图层，如图5-11所示。

图 5-11

（6）抠图后可以更换背景，效果如图5-12所示。

图 5-12

5.1.3 基于色差的抠图

当需要使用的主体物与环境存在一定的颜色差异时，可以使用"快速选择工具" 、"魔棒工具" 和"磁性套索工具" 抠图。此类工具适用于抠取主体物与背景色彩反差较大且边缘清晰的图像。

（1）选择工具箱中的"快速选择工具" ，在选项栏中设置合适的笔尖大小，在图像背景位置拖曳鼠标，可自动获取颜色相近区域的选区，如图5-13所示。

图 5-13

（2）在选项栏中设置选区的运算方式，选择"添加到选区" ，继续在图像中拖曳鼠标，可以在原有选区的基础上添加新创建的选区，直至得到完整、精确的选区，如图5-14所示。

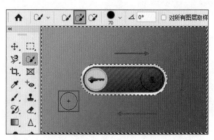

图 5-14

（3）得到背景的选区后，将其删除即可保留主体物。当然也可以直接创建出主体物的选区，如图5-15所示。

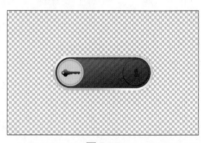

图 5-15

（4）如果想去除多余的选区，可以单击选项栏中的"从选区减去"按钮 ，然后在选区上拖曳鼠标，如图5-16所示。

（5）使用"魔棒工具" 能够得到与取样点颜色相近的选区。选择工具箱中的"魔棒工具"，选项栏中的"容差"选项用于控制选择颜色的范围，数值越大，选择的范围越大。在图像中单击，单击位置将作为"取样点"，此时会得到与"取样点"附近颜色相似区域的选区，如图5-17所示。

图 5-16

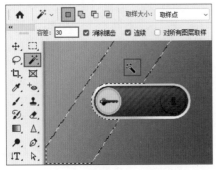

图 5-17

（6）由于当前图像背景还有未选中的区域，因此需要进行选区的加选。单击选项栏中的"添加到选区"按钮，在背景位置单击进行选区的加选，如图5-18所示。

图 5-18

（7）要注意"魔棒工具"选项栏中的"连续"复选框，勾选该复选框时，只会得到连续的选区；取消勾选该复选框时，颜色接近但不连续的范围也会被创建为选区，如图5-19所示。

图 5-19

（8）使用"磁性套索工具"能自动捕捉对象的边缘，然后根据捕捉到的线条勾勒出需要抠取对象的轮廓，使得选取复杂对象变得容易。选择工具箱中的"磁性套索工具"，将光标移动到主体物边缘单击创建起点，接着沿着对象边缘拖曳鼠标，随着拖曳的进行可以看到锚点自动捕捉到主体物边缘，如图5-20所示（选项栏中的"频率"选项用于设置锚点的数量，数值越大，创建的锚点越多，选区越精准）。

图 5-20

（9）继续沿着主体物拖曳鼠标，如果出现追踪错误的锚点，则可以按Delete键将其删除。沿着主体物拖曳鼠标一周后，回到起始锚点位置单击，即可创建选区，如图5-21所示。

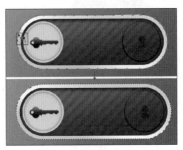

图 5-21

5.1.4 获取特定色彩范围的选区

利用"色彩范围"命令可以选择图像中特定颜色的区域，以便进行后续的抠图及编辑操作。

（1）该命令常用于选择色彩构成相对简单的主体物。例如，图5-22的背景为深蓝色，主体物柠檬的色彩基本由黄、白两色构成。想要完成柠檬的抠图，无论是获取主体物选区，还是背景选区，都比较容易。

图 5-22

（2）执行"选择>色彩范围"命令，打开"色彩范围"对话框，"颜色容差"选项用于控制选区范围大小。观察底部的预览图可以看到图像主体对象部分为白色，背景为黑色。将"颜色容差"数值调大一些，可以观察到白色范围增加了，这说明选区的范围增加了，如图5-23所示。

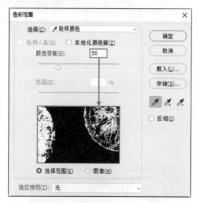

图 5-23

（3）但是要选择的对象仍然有黑色区域，这说明其没有被完全选中，此时可以单击"添加到取样"按钮 ✎，然后在需要选择的对象上单击添加取样范围，直到对象变为白色，如图5-24所示。

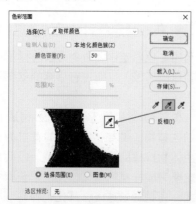

图 5-24

（4）单击"确定"按钮，此时得到白色部分的选区，如图5-25所示。

图 5-25

（5）得到选区后可以尝试进行抠图或编辑操作。例如，新建一个"色相/饱和度"调整图层，调整"色相"数值进行调色，如图5-26所示。

图 5-26

（6）此时可以看到只有被选中的区域发生了颜色变化，如图5-27所示。

图 5-27

5.1.5 透明对象抠图

前面学习的抠图工具在面对带有透明或半透明区域的对象时，虽然可以将对象从背景中分离出来，但往往不能使对象产生透明或半透明的效果。使用"通道抠图"能够解决这个问题，如图5-28所示。

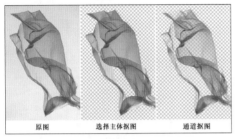

原图　　　　选择主体抠图　　　　通道抠图

图 5-28

在学习使用"通道抠图"之前，用户需要了解"通道抠图"的原理。

之所以能够利用"通道"进行抠图，主要是因为通道中的黑白图像可以转换为选区。通道中的白色代表选区，黑色代表非选区，灰色代表部分选区（也就是半透明选区）。也就是说，如果想要得到图像中的某个部分，就需要在通道中将这部分调整为白色，然后将白色部分载入选区即可。而如果想要使某个区域"抠"出半透明的效果，那么只需要使这部分区域在通道中保持为灰色即可。

（1）选中需要抠图的图层，打开"通道"面板，默认选择RGB复合通道，此时看到的是一张彩色图像，如图5-29所示。

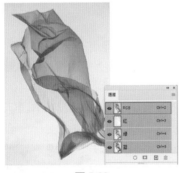

图 5-29

（2）分别单击"红""绿""蓝"通道，查看图像的黑白关系。通过观察可知，在"蓝"通道中，图像黑白反差最强烈，较为适合，如图5-30所示。

图 5-30

（3）在"蓝"通道上单击鼠标右键，执行"复制通道"命令，复制该通道得到"蓝拷贝"通道，如图5-31所示。

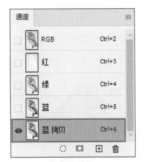

图 5-31

提示：

利用"通道"抠图时，一定要复制通道，并在复制的通道中进行操作。这是因为，直接在原通道中操作会改变图像的颜色。

（4）此时图像中背景部分偏灰，需要将其调整为纯白。选择工具箱中的"减淡工具"，在选项栏中选择一个柔边圆笔尖，将"范围"设置为"高光"，将"曝光度"设置为100%，然后在背景的位置涂抹将其提亮，如图5-32所示。

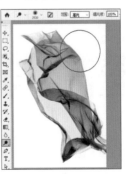

图 5-32

（5）此时纱巾部分灰色范围较大，需要降低其亮度。按Ctrl+M组合键调出"曲线"对话框，在中间调位置添加控制点并向下拖曳，如图5-33所示。

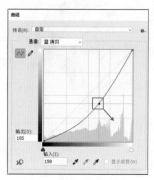

图 5-33

（6）此时薄纱部分颜色变暗，如图5-34所示。

图 5-34

（7）单击"通道"面板底部的"将通道作为选区载入"按钮，得到白色区域的选区，如图5-35所示。

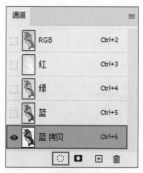

图 5-35

（8）由于此图像背景为浅色，主体物为深色，因此可以在获取背景的选区后删除背景部分完成抠图。选择RGB通道，返

回"图层"面板中，此时选区范围如图5-36所示。

图 5-36

（9）按Delete键将选区中的像素删除，可以看到薄纱也带有半透明区域，抠图效果比较自然，如图5-37所示。

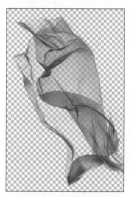

图 5-37

提示：

　　如果选中的是背景图层，则需要单击按钮将其转换为普通图层后再删除。

（10）抠图完成后可以应用抠取的对象，如图5-38所示。

图 5-38

（11）被合成到新图像中的对象会与周围环境有所差异，因此还需要进行一定的调色操作，如图5-39所示。

Photoshop 2022 平面设计案例教程（全彩慕课版）

图 5-39

5.1.6 复杂产品换背景：钢笔抠图

在之前的章节中我们已经学习了使用"钢笔工具"绘图的方法。使用"钢笔工具"抠图，只需要将"绘制模式"设置为"路径"，参照抠取对象绘制路径，然后将路径转换为选区即可。

（1）选择工具箱中的"钢笔工具" ，在选项栏中设置"绘制模式"为"路径"，然后沿着对象边缘绘制路径。绘制完成后单击选项栏中的"选区"按钮，如图5-40所示。

图 5-40

（2）弹出"建立选区"对话框，"羽化半径"文本框用于设置选区的羽化程度，如果不需要羽化，则直接单击"确定"按钮，如图5-41所示。

图 5-41

（3）此时路径被转换为选区，如图5-42所示。

图 5-42

提示：

　　按Ctrl+Enter组合键可以快速将路径转换为选区。

（4）复制选区中的部分并将其粘贴到需要使用的文档中。图5-43所示为将抠取的产品合成到广告中的效果。

图 5-43

5.1.7 获取天空选区

执行"选择>天空"命令，可以非常方便地得到图像中天空部分的选区。

（1）打开一张有天空的图像，执行"选择>天空"命令，稍等片刻会得到天空部分的选区，如图5-44所示。

图 5-44

（2）得到天空部分的选区后可以按Delete键删除选区的像素，如图5-45所示（如果选中的是背景图层，则需要单击 🔒 按钮将其转换为普通图层后再删除）。

图 5-45

（3）抠图后可以向文档内置入新的天空背景，完成合成操作，如图5-46所示。

图 5-46

（4）还可以在不抠图的情况下更换天空。选中带有天空的图像所在的图层，执行"编辑>天空替换"命令，在打开的"天空替换"对话框中单击"天空"缩略图右侧的下拉按钮，在下拉列表中选择合适的天空图案，然后在下方设置参数以调整画面效果，如图5-47所示。

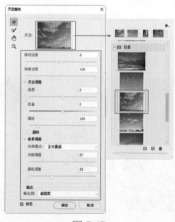

图 5-47

（5）单击"确定"按钮，天空替换效果如图5-48所示。

图 5-48

5.1.8 实操：运用多种抠图工具制作果汁海报

文件路径：资源包\案例文件\第5章抠图与合成\实操：运用多种抠图工具制作果汁海报

案例效果如图5-49所示。

图 5-49

1. 项目诉求

本案例需要设计一幅果汁类饮品的海报，要求在海报中强调果汁饮品的口感特点。例如，可以使用文字描述或配合图像展示果汁饮品的口感，吸引消费者尝试，使消费者对产品产生天然、健康、新鲜等正向联想。

2. 设计思路

在海报中将果汁倒入杯中，激起的果汁包裹着橙子，引发消费者对果汁新鲜、美味的联想。倒果汁的动作则让画面产生动感，从而形成强烈的代入感。

3. 配色方案

海报采用象征大自然的蓝色、绿色和橙色，色彩丰富、清新自然。橙色和蓝色互为对比色，绿色作为调和色，让橙色和蓝色的对比减弱，在活跃整个画面气氛的同时，不至于使画面颜色过于刺激。本案例的配色如图5-50所示。

图 5-50

4. 项目实施

操作步骤：

（1）将背景素材1打开，如图5-51所示。

图 5-51

（2）执行"文件>置入嵌入对象"命令，将素材2置入文档中，移动到画面右上角并调整到合适大小，按Enter键确认，然后将图层栅格化，如图5-52所示。

图 5-52

（3）选择工具箱中的"对象选择工具"，在选项栏中设置"模式"为"矩

形"，然后在水果外侧拖曳鼠标绘制抠图的范围，如图5-53所示。

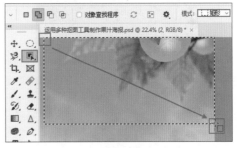

图 5-53

（4）释放鼠标左键后，可以看到橙子的局部没有被选中，且叶子边缘有蓝色的像素被选中。此时可以单击选项栏中的"选择并遮住"按钮，如图5-54所示。

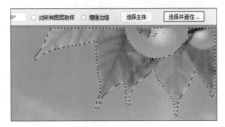

图 5-54

（5）在"选择并遮住"工作区中单击"快速选择工具"，再单击"添加到选区"按钮，将"大小"设置为20，然后在橙子上拖曳鼠标，释放鼠标左键即可将橙子选中，如图5-55所示。

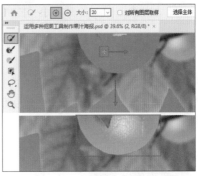

图 5-55

（6）处理叶子边缘。选择"调整边缘画笔工具"，在选项栏中将"笔尖大小"设置为70，然后在叶子边缘拖曳鼠标，可以看到叶子的选区变得更精准，如图5-56所示。

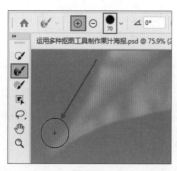

图 5-56

（7）继续在其他叶子边缘涂抹。勾选"净化颜色"复选项，将"范围"设置为100%，将"输出到"设置为"新建图层"，如图5-57所示。

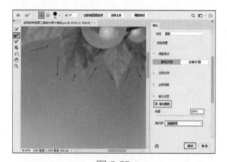

图 5-57

（8）此时的画面效果如图5-58所示。

图 5.58

（9）置入素材3，将其摆放到画面左下角并栅格化其所在的图层。执行"选择>主体"命令，得到橙子的选区，如图5-59所示。

图 5-59

（10）选中素材3所在的图层，按Ctrl+J

组合键将该图层中的像素复制到独立图层。然后将素材3所在图层的隐藏，只显示复制得到的图层，如图5-60所示。

图 5-60

（11）置入素材4，将其移动到画面左上角并栅格化其所在的图层。选择工具箱中的"钢笔工具" ，在选项栏中将"绘制模式"设置为"路径"，然后沿着产品边缘绘制路径，如图5-61所示。

图 5-61

（12）路径绘制完成后按Ctrl+Enter组合键将路径转换为选区，如图5-62所示。

图 5-62

（13）选中素材4所在的图层，按Ctrl+J组合键将该图层中的像素复制到独立图层。然后将素材4所在的图层隐藏，只显示复制得到的图层，如图5-63所示。

图 5-63

（14）依次将素材5、素材6置入文档内并摆放到合适的位置。案例完成后的效果如图5-64所示。

图 5-64

5.2 蒙版与图框

"蒙版"一词可以理解为"蒙住画面的部分内容"。Photoshop包括多种蒙版，最常用的是"图层蒙版"和"剪贴蒙版"。"图框工具"的功能与蒙版的功能相似，使用该工具可以将图像限定在特定的范围内。

5.2.1 图层蒙版

图层蒙版是一种非破坏性的编辑方法，用于控制图层的可见性和透明度，以及限制图层的显示区域。在图层蒙版中，黑色会使图像上相应的位置隐藏，白色会使图像上相应的位置显示，灰色则会使该区域呈半透明的效果。

（1）选中图层，单击"图层"面板底部的"添加图层蒙版"按钮 ▢，即可为所选图层添加图层蒙版。此时的蒙版是白色的，画面没有发生任何变化，如图5-65所示。

图 5-65

（2）选择工具箱中的"画笔工具" ✏️，将前景色设置为黑色，然后在画面中进行涂抹，可以看到被涂抹位置的像素"消失"了，这其实是利用图层蒙版将这部分区域隐藏了，如图5-66所示。

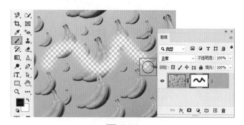

图 5-66

（3）将前景色设置为白色，在蒙版中被隐藏的像素位置涂抹，可以看到"消失"的像素被还原，如图5-67所示。

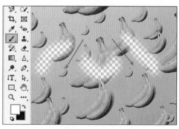

图 5-67

（4）如果将前景色设置为灰色进行涂抹，则会呈现半透明的效果，如图5-68所示。

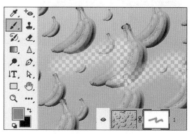

图 5-68

（5）如果要删除图层蒙版，可以在图层蒙版上单击鼠标右键，在弹出的快捷菜单中执行"删除图层蒙版"命令，如图5-69所示。

图 5-69

提示：
　　执行"停用图层蒙版"命令可以使蒙版效果隐藏，原图层内容全部显示出来。
　　停用后再次在图层蒙版上单击鼠标右键，执行"启用图层蒙版"命令，可以显示图层蒙版效果。
　　执行"应用图层蒙版"命令可以将蒙版效果应用于原图层并删除图层蒙版。

5.2.2 剪贴蒙版

"剪贴蒙版"是以下层图层的"形状"控制上层图层显示的"内容"。

（1）创建剪贴蒙版需要"基底图层"和"内容图层"两个图层。基底图层用来控制上层图层的显示，如图5-70所示。

图 5-70

（2）选中内容图层，此时内容图层需要位于基底图层的上一层，如图5-71所示。

图 5-71

（3）在内容图层上单击鼠标右键，在弹出的快捷菜单中执行"创建剪贴蒙版"命令，如图5-72所示。

（4）创建剪贴蒙版后，可以看到基底图层限制了内容图层的显示范围，如图5-73所示。

图 5-72

图 5-73

（5）在内容图层上单击鼠标右键，在弹出的快捷菜单中执行"释放剪贴蒙版"命令，如图5-74所示。这样即可删除剪贴效果。

图 5-74

5.2.3 图框工具

"图框"能够限定图像的显示范围。使用"图框工具"☒可以绘制圆形或矩形的图框，还可以将矢量图形转换为图框。

（1）选择工具箱中的"图框工具"☒，单击选项栏中的☒按钮，在画面中拖曳鼠标绘制圆形图框，如图5-75所示。

图 5-75

（2）选择一张图像，将其向图框内拖曳，如图5-76所示。

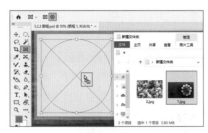

图 5-76

（3）释放鼠标左键后，图像会置于圆形图框中，效果如图5-77所示。

图 5-77

（4）单击选项栏中的■按钮，可以绘制矩形图框，将图像拖曳到矩形图框中，如图5-78所示。

图 5-78

（5）绘制图框后，"图层"面板中会出现相应的图层。选中图框缩览图，在画面中使用"图框工具"可以移动整个图层，如图5-79所示。

图 5-79

（6）选中图框图层缩览图后，可以只移动图像内容，而不移动图框，如图5-80所示。

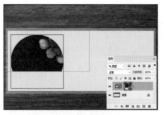

图 5-80

（7）这里也可以将已有的矢量形状图层转换为图框，方法：选中矢量形状图层，单击鼠标右键，执行"转换为图框"命令，如图5-81所示。

图 5-81

（8）随后将图像添加到图框中，效果如图5-82所示。

图 5-82

5.2.4 实操：使用图层蒙版制作草坪文字

文件路径：资源包\案例文件\第5章抠图与合成\实操：使用图层蒙版制作草坪文字

案例效果如图5-83所示。

图 5-83

1. 项目诉求

本案例需要制作以自然元素为主的海报作品，要求画面以文字为主，自然元素点缀四周，并在画面中补充文字部分的效果。

2. 设计思路

文字部分的设计考虑到画面中的自然元素，为了使文字能够较好地与周围内容相融合，制作了仿佛由草坪组成的文字。本案例主要使用图层蒙版制作草坪文字边缘的不规则效果，以模拟草坪效果。

3. 配色方案

画面中大量使用了草坪元素，所以绿色必然是画面的主色。与绿色相邻的黄色可以保持画面的协调性，出现在文字底层，较好地丰富了画面的层次感。装饰元素使用了与黄色相邻的橙色，也非常协调。本案例的配色如图5-84所示。

图 5-84

4. 项目实操

操作步骤：

（1）打开背景素材，单击工具箱中的"横排文字工具" T.，在画面的中心位置单击鼠标左键插入光标，在选项栏中选择合适的字体，将"对齐方式"设置为"居中对齐文本"，"文字颜色"设置为黑色，接着输入文字，如图5-85所示。

图 5-85

（2）选中文字图层，在"字符"面板中将"字体大小"设置为425点，将"行距"设置为388点，将"字距调整"设置为10，"垂直缩放"设置为98%，将"水平缩放"设置为131%，画面效果如图5-86所示。

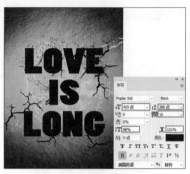

图 5-86

（3）为文字添加草坪效果。执行"文件>置入嵌入对象"命令，将素材2置入文档内，并栅格化其所在的图层，如图5-87所示。

图 5-87

（4）按住Ctrl键单击文字图层缩览图，载入文字选区，如图5-88所示。

图 5-88

（5）选中草地素材图层，单击"图层"面板下方的"添加图层蒙版"按钮，以文字选区为图层添加图层蒙版，此时草地素材只显示出文字部分，如图5-89所示。

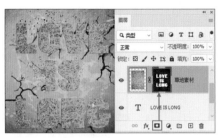

图 5-89

（6）选择工具箱中的"画笔工具"，按F5键调出"画笔设置"面板，选择"草"笔尖，将"大小"设置为40像素，将"间距"设置为14%，如图5-90所示（如果没有这款笔刷，可以将素材文件夹中的笔刷库文件4.abr拖曳到Photoshop工作界面中）。

图 5-90

（7）勾选面板左侧的"形状动态"复选项，将"大小抖动"设置为"32%"，将"角度抖动"设置为"40%"，如图5-91所示。

图 5-91

（8）勾选面板左侧的"散布"复选项，将"散布"设置为"70%"，如图5-92所示。

图 5-92

（9）选中图层蒙版，将前景色设置为"白色"，在文字边缘进行涂抹，可以看到显示的像素呈现出不规则的锯齿状，模拟草丛效果，如图5-93所示。

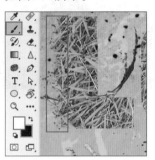

图 5-93

（10）继续在文字边缘进行涂抹，文字效果如图5-94所示。

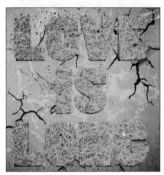

图 5-94

（11）选中"草地素材"图层，执行"图层>图层样式>投影"命令，在弹出的"投影"对话框中将"混合模式"设置为"正片叠底"，将"阴影颜色"设置为深绿色，将"不透明度"设置为"90%"，将"角度"设置为"120度"，将"距离"设置为"29像素"，将"扩展"设置为"10%"，将"大小"设置为"2像素"，如图5-95所示。

图 5-95

（12）设置完成后单击"确定"按钮，效果如图5-96所示。

图 5-96

（13）执行"文件＞置入嵌入对象"命令，将装饰元素素材置入文档内。案例完成后的效果如图5-97所示。

图 5-97

5.3 扩展练习：音乐 App 启动页面

文件路径：资源包\案例文件\ 第5章 抠图与合成\扩展练习：音乐App启动 页面

案例效果如图5-98所示。

图 5-98

1. 项目诉求

启动页面是用户第一次打开App的界面。本案例要求音乐App启动页面能够突出音乐App的品牌形象，使用户对该App有深刻的印象。同时要求通过页面中的视觉元素传递音乐App的品牌理念，使用户感到愉悦、轻松，并且尽可能地快速进入App主界面。

2. 设计思路

页面以具有"故事感"的图像作为视觉中心，可以快速为App赋予某种"性格"，同时也更容易使用户产生代入感。在启动页面中加入品牌Logo，以便用户能够快速地识别该音乐App。

3. 配色方案

启动页面采用单一的背景色，让整个页面的设计更加简洁。高明度的灰白色给人从容、优雅的视觉感受。文字部分使用深灰色，Logo部分使用低饱和度的卡其色。除主题图像外，其他色彩都不具有强烈的情感倾向，所以在此背景之上可随意更换主题图像，而不会出现色彩不和谐的情况。本案例的配色如图5-99所示。

图 5-99

4. 项目实战

操作步骤：

（1）执行"文件>新建"命令，在弹出的"新建文档"对话框中单击"移动设备"选项卡，选择iPhone8/7/6plus，然后单击"创建"按钮，如图5-100所示。

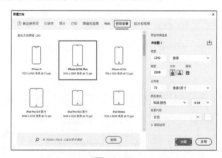

图 5-100

（2）将前景色设置为浅灰色，按Alt+Delete组合键进行填充，如图5-101所示。

（3）选择工具箱中的"矩形工具"▢，在选项栏中将"绘制模式"设置为"形状"，将"填充"设置为白色，将"描边"设置为"无"，接着在画面的上半部分拖曳鼠标绘制一个矩形，如图5-102所示。

图 5-101　　　　　图 5-102

（4）选择工具箱中的"椭圆形工具"，将"绘制模式"设置为"形状"，然后按住Shift键在画面中拖曳鼠标绘制正圆，在选项栏中将"填充"设置为"无"，将"描边"设置为白色，将"描边粗细"设置为5像素，如图5-103所示。

图 5-103

（5）继续使用"椭圆工具"在圆环内部绘制一个稍小的正圆，并在选项栏中将"填充"设置为白色，将"描边"设置为"无"，如图5-104所示。

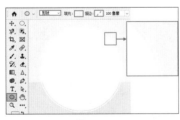

图 5-104

（6）将素材1置入文档内，并栅格化其所在的图层。选择工具箱中的"椭圆选框工具"，在人物附近按住Shift键并拖曳鼠标绘制一个正圆选区，如图5-105所示。

图 5-105

（7）选中素材1所在的图层，单击"图层"面板底部的"添加图层蒙版"按钮，以当前选区添加图层蒙版，并将图层移动到白色正圆中间，如图5-106所示。

图 5-106

（8）选择工具箱中的"横排文字工具"，在图像上方单击插入光标，在选项栏中设置合适的字体、字号，并将"文字颜色"设置为白色，然后输入文字。文字输入完成后按Ctrl+Enter组合键，效果如图5-107所示。

图 5-107

（9）制作文字下方的线条装饰。新建一个图层，将前景色设置为黑色，选择工具箱中的"画笔工具"，然后选择一个圆形笔尖，将"大小"设置为400像素，将"硬度"设置为50%，设置完成后在画面中单击，绘制一个圆形，如图5-108所示。

（10）按Ctrl+T组合键进入自由变换模式，然后取消勾选选项栏中的"保持长宽比"复选项，拖曳控制点进行不等比的变形，将圆形"压扁"制作成线条状，并将其旋转，变换完成后按Enter键结束变换操作，效果如图5-109所示。

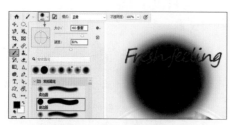

图 5-108

图 5-109

（11）再次使用"横排文字工具" T.在图像下方添加文字，并将"对齐方式"设置为"居中对齐文本"，然后执行"窗口>字符"命令，打开"字符"面板，将"字距调整"设置为-50，让文字更加紧凑，如图5-110所示。

图 5-110

（12）选择工具箱中的"直线工具" ，在选项栏中将"绘制模式"设置为"形状"，将"填充"设置为黑色，将"描边"设置为"无"，设置完成后在文字下方按住Shift键并拖曳鼠标绘制一条直线，如图5-111所示。

图 5-111

（13）继续使用"横排文字工具"在图像下方添加文字，在"字符"面板中设置合适的字体、字号，将"行距"设置为42点，将"颜色"设置为黄褐色，效果如图5-112所示。

图 5-112

（14）选择工具箱中的"自定形状工具"，在选项栏中将"绘制模式"设置为"形状"，将"填充"设置为黄褐色，将"描边"设置为"无"，在"形状"下拉列表中选择一个合适的形状，设置完成后在文字上方进行绘制，然后将其旋转，效果如图5-113所示。（此部分装饰元素也可以使用"钢笔工具"绘制。）

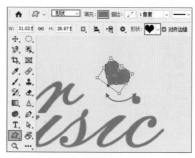

图 5-113

（15）此时平面图制作完成，如图5-114所示。平面图制作完成后，需要先保存为PSD格式源文件，随后再保存一份JPEG格式文件作为预览文件，以便在制作展示图时使用。

图 5-114

（16）制作界面展示效果。将素材2打开，如图5-115所示。

图 5-115

（17）将界面平面图置入文档内，先缩小再旋转，并调整到与屏幕相近的大小，如图5-116所示。

图 5-116

（18）单击鼠标右键，执行"扭曲"命令，如图5-117所示。

图 5-117

（19）根据屏幕的透视关系拖曳控制点进行透视变形，如图5-118所示。变形完成后按Enter键结束变形操作。

（20）选中"界面平面图"图层，将该图层放置在"屏幕"图层上方，如图5-119所示。

图 5-118

图 5-119

（21）选择界面的平面图，执行"图层>创建剪贴蒙版"命令，以下方的"屏幕"图层为基底图层创建剪贴蒙版。案例完成后的效果如图5-120所示。

图 5-120

5.4 课后习题

一、选择题

1. 以下哪种工具不可以用于抠图？（　　　）

A. 钢笔工具

B. 椭圆工具

C. 快速选择工具

D. 魔术棒工具

2. 在Photoshop 中可以将抠图结果保存为透明背景的格式是（   ）。

A. JPEG 格式

B. PNG 格式

C. EPS 格式

D. BMP 格式

3. 在调整抠图的选区范围时，按（   ）键可以从选区中删除部分区域。

A. Alt

B. Ctrl

C. Shift

D. Tab

二、填空题

1. 在Photoshop中，使用（   ）工具可以创建精确而复杂的抠图路径。

2. 获得人物选区后，使用（   ）功能可以使头发部分的选区更加细腻。

三、判断题

1. Photoshop中的"钢笔工具"可以用于自动抠出任意形状的图像。
（   ）

2. "对象选择工具"可以用于自动识别图像中的不同对象，并将其分离成独立的图层。（   ）

6 课后实战

● 抠图并更换背景

将一张照片中的人物抠取出来，并放置在另一张背景图像中心。背景图像的尺寸为1000像素（宽）×800像素（高），应该调整人物大小以适应背景。要求最终的效果真实自然，无明显瑕疵。

第6章

图像特效

本章将学习"滤镜"和"图层样式"的相关内容。Photoshop 中包含了多种滤镜，这些滤镜一部分在滤镜库中，另一部分按所产生的效果不同分布在各个滤镜组中。为图像添加滤镜可以制作出丰富且奇妙的效果。图层样式是日常操作中经常使用的功能，可以使图层产生凸起、发光、阴影、光泽感等效果。

本章要点

★ 能力目标

❖ 熟练掌握滤镜库的使用方法
❖ 了解滤镜组中常用滤镜的特点并熟练运用
❖ 掌握添加和编辑图层样式的方法

6.1 使用滤镜处理图像

Photoshop中的滤镜库是一个集成的"工具箱"，其中包含了多种图像处理滤镜，使用这些滤镜能够轻松地使图像产生绘画效果或纹理效果。滤镜库中的滤镜可以单独使用，也可以组合使用，从而创建出各种独特的效果。

（1）滤镜可直接作用于普通的像素图层或智能对象图层。如果对文字图层或矢量图层使用滤镜，则Photoshop会将此类特殊图层转换为智能对象后进行操作。选中需要添加滤镜的图层，如图6-1所示。

图 6-1

（2）执行"滤镜>滤镜库"命令，打开"滤镜库"窗口，如图6-2所示。在该窗口中可以选择滤镜、设置参数及预览效果。在中间位置可以展开某个滤镜组，单击选择需要使用的滤镜，然后在窗口右侧设置参数。窗口左侧为滤镜效果的预览区域。

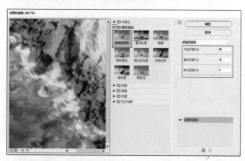

图 6-2

（3）单击窗口右下角的"新建效果图层"按钮回，然后选择新的滤镜，可以制作多种滤镜相互叠加的滤镜效果，如图6-3所

示。单击"删除效果图层"按钮回，可将所选滤镜删除。

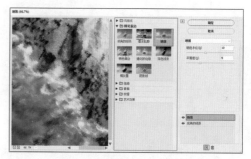

图 6-3

（4）效果添加完成后单击"确定"按钮，应用滤镜后的图像效果如图6-4所示。

图 6-4

（5）如果所选图层为智能对象图层，那么使用滤镜后，在该图层上可以看到所使用的滤镜，双击可重新设置滤镜参数。另外，还可以通过智能滤镜的蒙版对局部的滤镜效果进行隐藏，如图6-5所示。

图 6-5

6.1.1 应用"风格化"滤镜组

（1）"滤镜"菜单的下半段包括大量的滤镜组，每个滤镜组展开后又包括多个滤镜，如图6-6所示（虽然滤镜的种类较多，但实际上并不是每种滤镜都常用于制作图像特效，本章将选取部分常用滤镜进行讲解）。

图 6-6

（2）选中需要添加滤镜的图层，执行
"滤镜"菜单中的命令即可。例如，执行"滤
镜>风格化>油画"命令，在弹出的"油画"
对话框中设置参数（部分滤镜没有参数设
置）。大多数滤镜的使用效果可在预览窗口
中实时观察，以便根据效果进行参数调整。
完成后单击"确定"按钮，如图6-7所示。

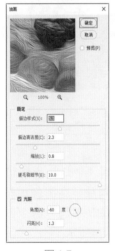

图 6-7

（3）随后画面会发生相应的变化，效果
如图6-8所示。

图 6-8

（4）"风格化"滤镜组包括查找边缘、
等高线、风、浮雕效果、扩散、拼贴、曝光

过度、凸出、油画。这些滤镜的使用方法基
本相同，滤镜效果如图6-9所示。

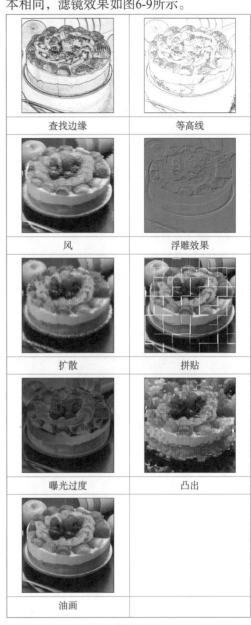

图 6-9

6.1.2 应用"模糊"滤镜组

Photoshop中有两个可使图像产生模糊
效果的滤镜组："模糊"滤镜组和"模糊画
廊"滤镜组。

（1）执行"滤镜>模糊"命令，此滤镜
组中较为常用的滤镜有"表面模糊""动感
模糊""高斯模糊""平均"等，如图6-10所
示。选中需要添加滤镜的图层。

133

图 6-10

（2）使用"表面模糊"滤镜能够在保留边缘的同时模糊图像。该滤镜适用于消除杂色、降噪、磨皮等模糊操作。

执行"滤镜>模糊>表面模糊"命令，在弹出的"表面模糊"对话框中对"半径"和"阈值"进行调整，可以看到原本清晰的细节被弱化，同时不同色彩的区域并没有过多地融合。设置完成后单击"确定"按钮，如图6-11所示。

图 6-11

> **提示：**
>
> "半径"用于设置模糊取样区域的大小。"阈值"用于控制相邻像素色调值与中心像素值相差多大时才能成为模糊的一部分。色调值差小于阈值的像素将被排除在模糊之外。

（3）使用"动感模糊"滤镜可以使图像按照指定的角度进行模糊。执行"滤镜>模糊>动感模糊"命令，打开"动感模糊"对话框，拖曳"角度"指针可以更改模糊的角度，"距离"可以设置模糊的强度，如图6-12所示。

图 6-12

（4）使用"高斯模糊"滤镜可以使整个图像得到均匀模糊的效果，形成朦胧感的画面。执行"滤镜>模糊>高斯模糊"命令，打开"高斯模糊"对话框，拖曳"半径"滑块可以控制模糊的强度，如图6-13所示。

图 6-13

（5）使用"平均"滤镜可以得到图像的平均色。例如，在图像内绘制选区，执行"滤镜>模糊>平均"命令，即可得到平均色，如图6-14所示。

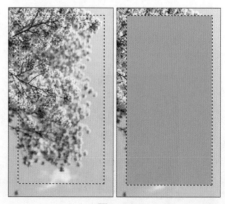

图 6-14

（6）其他几种滤镜的效果如图6-15所示。

方框模糊	进一步模糊
径向模糊	镜头模糊
模糊	特殊模糊
形状模糊	

图 6-15

6.1.3 应用"模糊画廊"滤镜组

"模糊画廊"滤镜组中的滤镜使用方法各不相同。

（1）使用"场景模糊"滤镜可以使画面的不同区域产生不同强度的模糊效果。执行"滤镜>模糊画廊>场景模糊"命令，在画面中心位置可以看到控制点，在窗口右侧设置"模糊"数值可以更改模糊的强度，如图6-16所示。

（2）可以通过拖曳来调整模糊控制点的位置，也可以在画面中单击添加新的控制点，然后更改"模糊"数值来创建模糊控制点的位置，如图6-17所示。

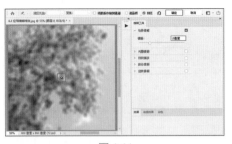

图 6-16

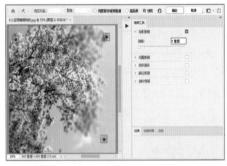

图 6-17

> **提示：**
> 单击控制点可以将其选中，按Delete键可以将其删除。

（3）使用"光圈模糊"滤镜可以创建一个椭圆形的焦点范围。执行"滤镜>模糊画廊>光圈模糊"命令，可以看到画面中心位置的控制点和外侧的控制框。拖曳控制框可以更改模糊的范围。在窗口右侧调整"模糊"数值可以更改模糊的强度，如图6-18所示。

图 6-18

（4）使用"移轴模糊"滤镜可以制作移轴摄影效果。执行"滤镜>模糊画廊>移轴模糊"命令，画面中将显示移轴效果控制框。

直线范围内是清晰区域，直线到虚线之间是由清晰过渡到模糊的区域，虚线之外是模糊区域，如图6-19所示。

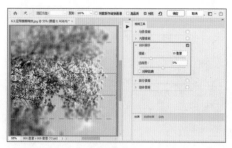

图 6-19

（5）使用"路径模糊"滤镜可以制作沿路径走向的模糊效果。执行"滤镜>模糊画廊>路径模糊"命令，在画面中拖曳控制点可以改变路径的形状和角度，从而更改模糊的走向，如图6-20所示。

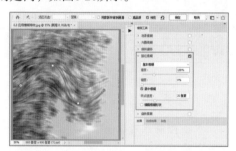

图 6-20

（6）使用"旋转模糊"滤镜可以创建圆形或椭圆形的模糊效果，模糊的部分呈现旋转的效果。执行"滤镜>模糊画廊>旋转模糊"命令，拖曳控制点可以调整模糊的范围和形状，如图6-21所示。

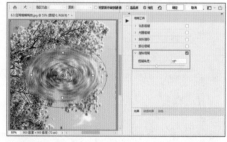

图 6-21

6.1.4 应用"扭曲"滤镜组

使用"扭曲"滤镜组中的滤镜可以使图像中的像素移动位置，从而产生不同方式的扭曲效果。执行"滤镜>扭曲"命令，可以看到"扭曲"滤镜组中的滤镜，如图6-22所示。

图 6-22

（1）本组中绝大多数滤镜的使用方法相同，多尝试使用就可以理解滤镜的功能。但"置换"滤镜的使用方法较为特殊，需要准备一个PSD格式文件，该文件中的图像内容会影响最终的变形效果。图6-23所示为原图及PSD格式文件。

图 6-23

（2）选择需要处理的图像，执行"滤镜>扭曲>置换"命令，打开"置换"对话框，为了使扭曲效果更加明显，需要设置较大的水平比例、垂直比例，然后单击"确定"按钮，如图6-24所示。

图 6-24

（3）在弹出的"选取一个置换图"对话框中选择PSD格式文件，单击"打开"按钮，如图6-25所示。

（4）此时原图会产生与PSD格式文件相似的扭曲效果，如图6-26所示。

图 6-25

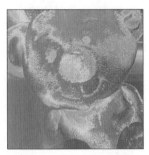

图 6-26

（5）本组中其他滤镜的使用方法比较简单，这里不再赘述。图6-27为其他滤镜的效果。

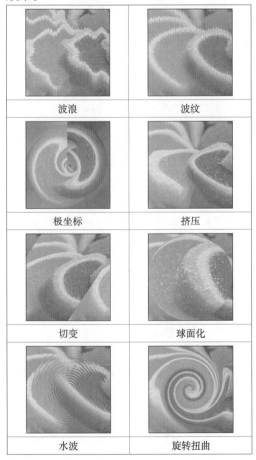

波浪	波纹
极坐标	挤压
切变	球面化
水波	旋转扭曲

图 6-27

6.1.5 应用"锐化"滤镜组

"锐化"滤镜组中包括多种锐化滤镜，主要用于提高画面的清晰度。其中，"智能锐化"和"锐化边缘"滤镜较为常用。

（1）选中需要添加滤镜的图层，执行"滤镜>锐化"命令可以看到"锐化"滤镜组中的滤镜，如图6-28所示。

图 6-28

（2）使用"智能锐化"滤镜可以设置锐化算法、控制阴影和高光区域的锐化量。执行"滤镜>锐化>智能锐化"命令，在弹出的"智能锐化"对话框中进行参数设置。设置完成后单击"确定"按钮，如图6-29所示，效果如图6-30所示。

图 6-29

图 6-30

（3）使用"锐化边缘"滤镜可以直接对图像中色彩差异的边缘进行快速锐化，使图像看起来更清晰。执行"滤镜>锐化>锐化边缘"命令可以直接看到锐化效果。应用该滤镜前后的对比效果如图6-31所示。

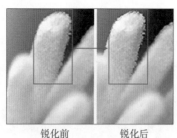

锐化前　　　　锐化后

图 6-31

（4）"锐化"滤镜组中其他滤镜的使用方法比较简单，这里不再赘述。图6-32为其他滤镜的效果。

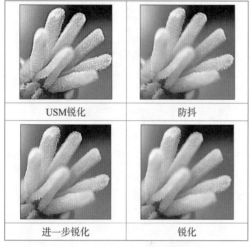

| USM锐化 | 防抖 |
| 进一步锐化 | 锐化 |

图 6-32

6.1.6　应用"像素化"滤镜组

使用"像素化"滤镜组中的滤镜可以将图像分成相应的色块，制作出由色块或颗粒组成的奇特的画面效果。

选中需要添加滤镜的图层，执行"滤镜>像素化"命令，可以看到"像素化"滤镜组中的滤镜，如图6-33所示。

图 6-33

"像素化"滤镜组中滤镜的使用方法比较简单，执行命令后调整参数即可。该滤镜组中各种滤镜的效果如图6-34所示。

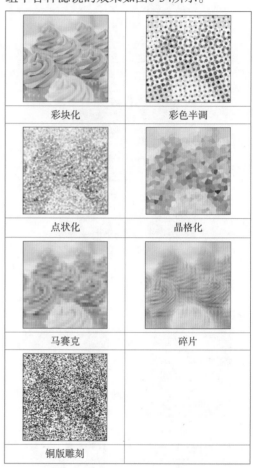

彩块化	彩色半调
点状化	晶格化
马赛克	碎片
铜版雕刻	

图 6-34

6.1.7　应用"渲染"滤镜组

使用"渲染"滤镜组中的滤镜可以创建出火焰、植物、云彩、纤维、光线等效果。执行"滤镜>渲染"命令可以看到"渲染"滤镜组中的滤镜，如图6-35所示。

图 6-35

（1）使用"火焰"滤镜可以根据路径走向添加火焰图案。首先使用"钢笔工具"绘制一段路径，如图6-36所示。

图6-36

（2）执行"滤镜>渲染>火焰"命令，在弹出的"火焰"对话框中设置"火焰类型""长度""宽度"等参数，然后单击"确定"按钮，如图6-37所示。

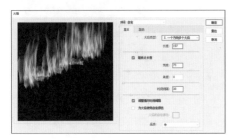

图6-37

（3）火焰效果如图6-38所示。

图6-38

（4）使用"树"滤镜可以添加不同品种的树木图案。使用该滤镜也需要先绘制路径，路径的走向决定了树干的走向，如图6-39所示。

"渲染"滤镜组中其他滤镜的使用方法比较简单，这里不再讲解。图6-40为其他滤镜的效果。

图6-39

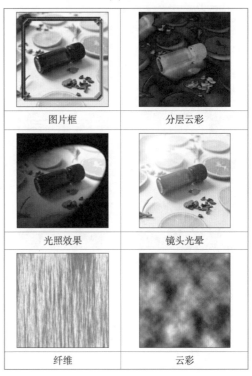

图6-40

6.1.8 应用"杂色"滤镜组

"杂色"滤镜组中包含了一些能够向画面中添加或减少噪点效果的滤镜。除了"添加杂色"滤镜之外，从作用轻微的"去斑"滤镜到中等程度的"中间值"滤镜再到强烈程序的"蒙尘与划痕"滤镜，都是用来消除杂色或图像瑕疵的。

选中需要添加滤镜的图层，执行"滤镜>杂色"命令，可以看到"杂色"滤镜组中的滤镜，如图6-41所示。

图 6-41

图6-42所示为"杂色"滤镜组中几种滤镜产生的效果。

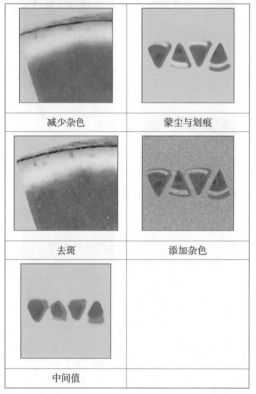

减少杂色	蒙尘与划痕
去斑	添加杂色
中间值	

图 6-42

6.2 使用图层样式制作特殊效果

在Photoshop中，图层样式是一种非常有用的功能，它可以帮助用户快速为图层添加各种效果，如阴影、光效、描边等。

6.2.1 认识图层样式

（1）选中需要添加图层样式的图层，如图6-43所示。注意，背景图层无法添加图层样式。

（2）单击"图层"面板底部的"添加图层样式"按钮 fx，下拉菜单中提供了多种图层样式，此处选择"斜面和浮雕"图层样式，如图6-44所示。

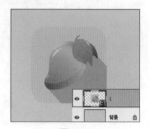

图 6-43

图 6-44

（3）弹出"图层样式"对话框，在其中勾选"斜面和浮雕"复选框，然后在中间的选项区域进行参数设置，如图6-45所示。

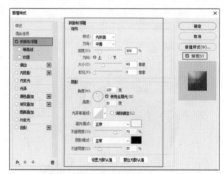

图 6-45

（4）勾选"预览"复选框，可以直接在画面中看到效果，如图6-46所示。

图 6-46

（5）用户可以同时为一个图层添加多种图层样式。例如，在"图层样式"对话框左侧列表中勾选"描边"复选框，然后右侧"描边"选项区域中进行参数设置，如图6-47所示。

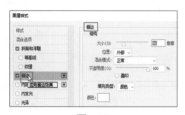

图 6-47

（6）此时图层效果如图6-48所示。

图 6-48

（7）在"图层样式"对话框中还可以同时为图层添加多次"描边""内阴影""颜色叠加""渐变叠加""投影"等样式。例如，单击"描边"样式右侧的[+]按钮可以新建"描边"，然后在右侧"描边"选项区域中更改描边参数，如图6-49所示。

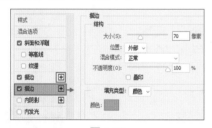

图 6-49

（8）下层的描边稍大一些即可显示出来，此时双重描边效果如图6-50所示。

图 6-50

（9）单击图层样式左侧的[✓]按钮，可以隐藏该样式的效果，如图6-51所示。

图 6-51

提示:
选中"描边"图层样式后单击底部的"删除效果"按钮[🗑]可将样式删除，如图6-52所示。

图 6-52

（10）设置完成后单击"确定"按钮。此时观察"图层"面板可以看到添加的图层样式，单击图层样式左侧的 ◉ 按钮可以将样式效果隐藏，如图6-53所示。再次单击 ◉ 按钮所在位置可以显示该样式。

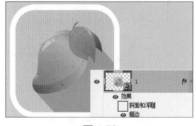

图 6-53

（11）将光标移动至"斜面和浮雕"图层样式上，将其拖曳到[🗑]按钮上，释放鼠标左键即可将该样式删除，如图6-54所示。

图 6-54

（12）如果要删除整个图层的样式，可将图层样式图标 **fx** 拖曳到 **🗑** 按钮上，如图6-55所示。

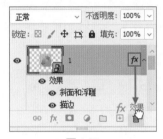

图 6-55

> **提示：**
>
> 在图层样式图标 **fx** 上单击鼠标右键，在弹出的快捷菜单中可以看到用于编辑图层样式的命令，如图6-56所示。
>
>
>
> 图 6-56

虽然图层样式有很多种，但其使用方法非常接近，只需调整参数就可以直观地看到相应的效果。表6-1所示为不同图层样式产生的效果。

表 6-1

图层样式及说明	效果
斜面和浮雕 可以制作向上凸起或向下凹陷的效果	
描边 可以在图层边缘位置添加边线	
内阴影 可以为图层添加向内照射的阴影，使其看上去向内凹陷	
内发光 可以为图层边缘添加向内发光的效果	
光泽 可以为图层添加光泽质感	
颜色叠加 可以为图层叠加某种纯色	
渐变叠加 可以为图层叠加渐变色	
图案叠加 可以为图层叠加图案	
外发光 可以为图层边缘添加向外发光的效果	
投影 可以为图层底部添加阴影效果	

6.2.2 实操：岩石刻字

文件路径：资源包\案例文件\第6章
图像特效\实操：岩石刻字

案例效果如图6-57所示。

图 6-57

1. 项目诉求

本案例需要在照片中的岩石上添加雕刻文字的效果，要求尽可能使画面看起来真实。

2. 设计思路

由于岩石的摆放有些倾斜，因此需要将文字变形使之与岩石的角度相匹配。运用变换得到的文字载入选区，复制选区中的岩石内容，并为这部分内容添加图层样式，使之产生向内凹陷的雕刻效果。

3. 配色方案

在进行照片的修饰或合成过程中，真实度是非常重要的。户外的石刻文字大多数采用单色，如红色、黑色、深绿色等。考虑到外景照片中岩石的受光情况，为了使刻字效果看起来更加真实，本案例选择了与岩石明度及纯度反差不太大的偏灰的棕红色。本案例的配色如图6-58所示。

图 6-58

4. 项目实战

操作步骤：

（1）打开背景素材，如图6-59所示。

图 6-59

（2）选择工具箱中的"横排文字工具" ，在画面中单击插入光标，在选项栏中设置合适的字体、字号，将"文字颜色"设置为黑色，接着输入文字。文字输入完成后按Ctrl+Enter组合键结束输入操作，效果如图6-60所示。

图 6-60

（3）在"图层"面板中选中文字图层，单击鼠标右键，执行"栅格化文字"命令，将文字图层转换为普通图层，如图6-61所示。

图 6-61

（4）选中文字所在的图层，按Ctrl+T组合键进入自由变换状态，按住Ctrl键拖曳控制点将文字扭曲，使文字产生近大远小的透视关系。变换完成后按Enter键结束变换操作，效果如图6-62所示。

图 6-62

（5）按住Ctrl键单击文字所在图层的缩略图得到文字的选区，然后将文字所在的图层隐藏，如图6-63所示。

图 6-63

（6）选中背景图层，按Ctrl+J组合键将
选区中的岩石复制到独立图层，得到"图层
1"图层，然后将此图层移动到"图层"面
板最上方，如图6-64所示。

图 6-64

（7）选中"图层1"图层，单击"图层"
面板底部的"添加图层样式"按钮 fx，执
行"内阴影"命令，如图6-65所示。

图 6-65

（8）在弹出的"图层样式"对话框中将
"混合模式"设置为"正片叠底"，将"颜
色"设置为黑色，将"不透明度"设置为
"85%"，将"角度"设置为30度，将"距离"
设置为5像素，将"大小"设置为15像素，
如图6-66所示。

（9）勾选对话框左侧的"颜色叠加"复
选项，将颜色叠加的"混合模式"设置为
"线性光"，将"颜色"设置为红褐色，将
"不透明度"设置为"30%"，如图6-67所示。

图 6-66

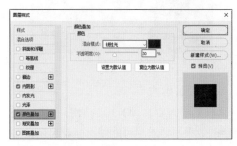

图 6-67

（10）设置完成后单击"确定"按钮。
案例完成后的效果如图6-68所示。

图 6-68

6.3 实操：使用滤镜制作漫画效果

文件路径：资源包\案例文件\第6章
图像特效\实操：使用滤镜制作漫画效果

案例效果如图6-69所示。

图 6-69

1. 项目诉求

本案例需要为原本"普通"的宠物照片赋予某种特殊的效果，使之产生令人眼前一亮的感觉。

2. 设计思路

为图像赋予"特效"，一直都是Photoshop中滤镜的"特长"。"滤镜"菜单中有多种可以使图像产生绘画效果的功能，但本案例另辟蹊径，选择使用"彩色半调"滤镜结合调色功能，将画面背景转换为由大小不一的黑色圆点构成的效果，并添加了一些漫画中常见的元素，以强化画面风格，营造出"从漫画中走出"的效果。

3. 配色方案

人们对于"漫画"色彩的固有认知大多是由黑色和白色构成的。本案例在保留主体物不变的情况下，将背景及装饰元素的颜色转换为漫画特有的色彩：黑+白。在黑白两色的衬托下，宠物的视觉效果更加突出。本案例的配色如图6-70所示。

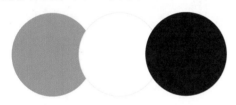

图 6-70

4. 项目实战

操作步骤：

（1）打开素材1，按Ctrl+J组合键将图层复制一份，如图6-71所示。

图 6-71

（2）选中复制的图层，执行"滤镜>像素化>彩色半调"命令，在弹出的"彩色半调"对话框中将"最大半径"设置为20像素，将"通道1"设置为20，将"通道2"设置为162，将"通道3"设置为90，将"通道4"设置为45，设置完成后单击"确定"按钮，如图6-72所示。

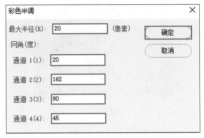

图 6-72

（3）此时，画面的效果如图6-73所示。

图 6-73

（4）单击"调整"面板中的"渐变映射"按钮，新建一个"渐变映射"调整图层。编辑黑色到白色的渐变颜色，如图6-74所示。

图 6-74

（5）此时，画面的效果如图6-75所示。

图 6-75

（6）执行"文件>置入嵌入对象"命令，将素材2置入文档内，如图6-76所示。

图 6-76

（7）将除了"背景"图层以外的图层隐藏，选择工具箱中的"多边形套索工具"，沿动物边缘绘制选区，如图6-77所示。

图 6-77

（8）选中"背景"图层，按Ctrl+J组合键将选区中的像素复制到独立图层，然后将该图层移动到所有图层最上方，并显示隐藏的图层。此时，画面的效果如图6-78所示。

图 6-78

（9）选中刚才复制得到的图层，单击"图层"面板底部的 fx 按钮，执行"描边"命令，在打开的"描边"对话框中将"大小"设置为13像素，将"位置"设置为"内部"，将"混合模式"设置为正常，将"颜色"设置为白色，如图6-79所示。

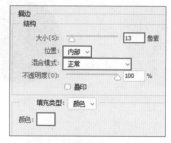

图 6-79

（10）单击对话框左侧的"投影"样式，将"混合模式"设置为"正片叠底"，将"颜色"设置为黑色，将"不透明度"设置为100%，将"角度"设置为30度，将扩展设置为50%，将"大小"设置为16像素，如图6-80所示。

图 6-80

（11）设置完成后单击"确定"按钮，效果如图6-81所示。

图 6-81

（12）将素材3置入文档内，并将其移动到合适的位置。案例完成后的效果如图6-82所示。

图 6-82

6.4 实操：使用滤镜制作标志

文件路径：资源包\案例文件\第6章
图像特效\实操：使用滤镜制作标志

案例效果如图6-83所示。

图 6-83

1. 项目诉求

本案例需要制作以日用品销售为主营业务的店铺标志。店铺销售产品涵盖日化、家纺等，主打精致、健康、天然、高性价比和舒适的购物环境。

2. 设计思路

为了体现健康、天然的特性，标志中使用了鸟和树叶这些代表自然的元素。标志文字使用了手写体，更显自由、随性的品牌调性。

3. 配色方案

标志以白色圆形为背景，象征着干净、纯洁，点缀以黄绿色和稍深的绿色，让人感觉安定、舒适，黑色的文字则给人以力量感，重色的文字也起到了"稳定"整个标志的作用。本案例的配色如图6-84所示。

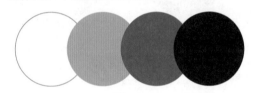

图 6-84

4. 项目实战

操作步骤：

（1）新建一个空白文档，将前景色设置为绿色，按Alt+Delete组合键进行填充，如图6-85所示。

图 6-85

（2）选择工具箱中的"椭圆工具"，在选项栏中将"绘制模式"设置为"形状"，将"填充"设置为白色，将"描边"设置为"无"，设置完成后按住Shift键并拖曳鼠标绘制正圆，如图6-86所示。

图 6-86

（3）选择工具箱中的"横排文字工具" T，在画面中单击，在选项栏中设置合适的字体、字号，并将文字颜色设置为黑色，接着输入文字。文字输入完成后按Ctrl+Enter组合键结束文字输入操作，效果如图6-87所示。

图 6-87

（4）继续使用"横排文字工具"在主体文字下方添加小一些的文字，如图6-88所示。

图 6-88

（5）新建一个图层，将前景色设置为白色，选择工具箱中的"画笔工具"，将笔尖"大小"设置为3像素，将"硬度"设置为100%，设置完成后在字符上方绘制线条作为高光，如图6-89所示。

（6）继续在字母上方绘制高光，如图6-90所示。

图 6-89

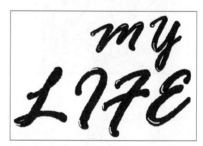

图 6-90

（7）将小鸟素材1和植物素材2置入文档中，并分别摆放在合适的位置，如图6-91所示。

图 6-91

（8）选中小鸟素材所在的图层，执行"滤镜>滤镜库"命令，在弹出的对话框中展开"艺术效果"效果组，单击"海报边缘"滤镜。在对话框右侧，将"边缘厚度"设置为0，将"边缘强度"设置为1，将"海报化"设置为1，单击"确定"按钮，如图6-92所示。

图 6-92

（9）此时小鸟效果如图6-93所示。

图 6-93

（10）使用相同的方式为植物添加相同的滤镜效果，如图6-94所示。

图 6-94

（11）案例完成后的效果如图6-95所示。

图 6-95

6.5 实操：卡通感游戏标志

文件路径：资源包\案例文件\第6章图像特效\实操：卡通感游戏标志

案例效果如图6-96所示。

图 6-96

1. 项目诉求

本案例需要制作一款休闲类游戏的标志，要求标志符合游戏特质，具备可爱、顽皮、梦幻的属性，并具有很强的识别性。

2. 设计思路

将游戏名称作为标志的主体，对文字进行夸张的变形，去掉了统一字体带来的枯燥感。膨胀的文字造型结合同样具有膨胀感的暖调的文字色彩，使主体文字清晰明确；图层样式的使用则使标志有纵深感、立体感。

3. 配色方案

标志采用了冷暖对比的方式，文字以暖色为主，装饰元素以冷色为主。在冷暖对比下，主题文字更加明确突出。冷调色彩元素的运用也使标志看起来更加"平衡"。另外，标志多次应用到渐变色，使标志整体色彩丰富，也更符合年轻人的审美。本案例的配色如图6-97所示。

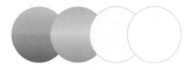

图 6-97

4. 项目实战

操作步骤：

（1）新建一个"宽度"为2600像素、"高度"为1500像素的空白文档。将前景色改为橘粉色，选中"背景"图层，按Alt+Delete组合键进行填充，如图6-98所示。

图 6-98

（2）选择"画笔工具" ，单击选项栏中的"画笔预设选取器"按钮 ，在下拉面板中选择"柔边圆"画笔，将"画笔大小"更改为2000像素。将前景色更改为更浅一点的橘粉色，在画面中单击鼠标左键进行绘制，如图6-99所示。

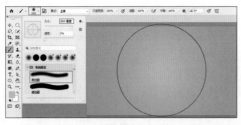

图 6-99

（3）选择"钢笔工具" 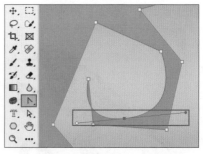，在选项栏中设置"绘制模式"为"形状"，单击填充按钮，在下拉面板中将"填充类型"设置为"渐变"，编辑一个蓝色系的渐变色，将"渐变模式"设置为"线性"，将"描边"设置为"无"，如图6-100所示。

图 6-100

（4）设置完成后，在画面中单击绘制出祥云的大致形态，图形效果如图6-101所示。

图 6-101

（5）绘制完成后，使用"转换点工具"选中一个"锚点"，拖曳锚点将角点转换为平滑锚点，此时路径变得平滑，如图6-102所示。

图 6-102

（6）使用"转换点工具" 选择另一个"锚点"调整路径形状，如图6-103所示。

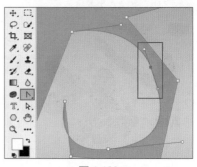

图 6-103

（7）选择其他锚点调整路径形状。全部调整完成后效果如图6-104所示。

图 6-104

（8）再次使用"钢笔工具"在祥云图形外侧边缘绘制轮廓，如图6-105所示。

图 6-105

（9）选中绘制的图形，在选项栏中将

> **提示：**
>
> 如果只需要改锚点一边的弧度，则可以按住Alt键，从锚点中拖曳出一个控制柄，完成该操作。

"填充"设置为淡蓝色,将"描边"设置为"无",将该图形所在的图层移动到祥云图案所在图层的下方,如图6-106所示。

图 6-106

(10)按住Ctrl键选中两个云朵图层,单击"图层"面板底部的"创建新组"按钮回新建一个图层组,并命名为"云",如图6-107所示。

图 6-107

(11)选中"云"图层组,执行"图层>图层样式>斜面和浮雕"命令,打开"斜面和浮雕"对话框。在其中将"样式"设置为"内斜面",将"方法"设置为"平滑",将"深度"设置为100,将"大小"设置为10像素,将"软化"设置为0像素,将"角度"设置为94度,将"高度"设置为11度,将"高光模式"设置为"滤色",将"高光颜色"设置为白色,将"不透明度"设置为75%,将"阴影模式"设置为"正片叠底",将"阴影颜色"设置为青色,将"不透明度"设置为75%,设置完成后单击"确定"按钮,如图6-108所示。效果如图6-109所示。

(12)使用"横排文字工具"在画面中单击插入光标,然后在选项栏中设置合适的字体。输入文字内容,文字添加完成后

按Ctrl+Enter组合键确认输入,文字效果如图6-110所示。

图 6-108

图 6-109

图 6-110

(13)选中该文字图层,单击鼠标右键,在弹出的快捷菜单中执行"转换为形状"命令,如图6-111所示。

图 6-111

(14)选中转换为形状图形的图层,使用"直接选择工具"在文字上单击显示锚点。单击选中锚点,然后拖曳锚点更改文字形状,如图6-112所示。

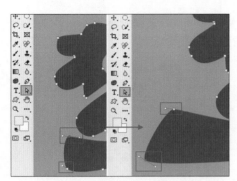

图 6-112

（15）使用"转换点工具"改变文字的
路径形状，如图6-113所示。

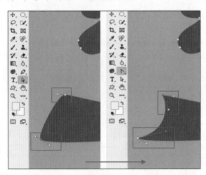

图 6-113

（16）重复以上步骤，调整其他锚点，
如图6-114所示。

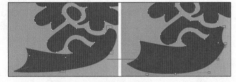

图 6-114

（17）所有锚点调整完成后，文字形状
如图6-115所示。

图 6-115

（18）选中调整完形状的文字图层，选
择一个矢量绘图工具，在选项栏中设置"绘
制模式"为"形状"，单击"填充"按钮，
在下拉面板中将"填充类型"设置为"渐
变"，编辑一个多彩色系的渐变色，将"渐
变模式"设置为"线性"，将"渐变角度"

设置为"-87°"，将"描边"设置为"无"，
如图6-116所示。

图 6-116

（19）设置完成后，文字效果如图6-117
所示。

图 6-117

（20）选中该文字图层，执行"图层>
图层样式>斜面和浮雕"命令，将"样式"
设置为内斜面，将"方法"设置为"平
滑"，将"深度"设置为490%，将"大小"设置
为16像素，将"软化"设置为14像素，将
"角度"设置为120度，将"高度"设置为30
度，将"高光模式"设置为"滤色"，将"高
光颜色"设置为"白色"，将"不透明度"
设置为75%，将"阴影模式"设置为"正片
叠底"，将"阴影颜色"设置为红色，将"不
透明度"设置为75%，如图6-118所示。

图 6-118

（21）在"图层样式"对话框中单击左侧列表中的"描边"图层样式，将"大小"设置为10像素，将"位置"设置为"外部"，将"混合模式"设置为"正常"，将"不透明度"设置为100%，将"填充类型"设置为"渐变"，将"渐变色"设置为黑蓝色渐变，将"样式"设置为"线性"，将"角度"设置为93度，将"缩放"设置为102%，参数设置完成后单击"确定"按钮，如图6-119所示。

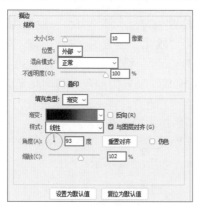

图 6-119

（22）完成以上操作后，文字效果如图6-120所示。

图 6-120

（23）制作文字上的高光。新建图层，将前景色设置为白色，选择"画笔工具"，在画面中单击鼠标右键，在"画笔预设选取器"中将"大小"设置为15像素，笔尖选择为"圆角低硬度"，如图6-121所示。

图 6-121

（24）选择"钢笔工具" ，在选项栏中设置"绘制模式"为"路径"，在文字上绘制路径。绘制完成后，将光标移动到路径附近，单击鼠标右键，在弹出的快捷菜单中执行"描边路径"命令，如图6-122所示。

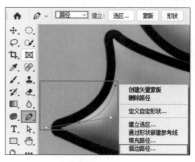

图 6-122

（25）弹出"路径描边"对话框，将"工具"选择为"画笔"后单击"确定"按钮，如图6-123所示。

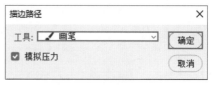

图 6-123

（26）完成操作后单击鼠标右键，在弹出的快捷菜单中执行"删除路径"命令，图形效果如图6-124所示。

图 6-124

（27）重复以上操作，添加其他文字的高光部分，也可以使用画笔工具直接绘制，文字效果如图6-125所示。

图 6-125

> **提示：**
> 当对描边的形状不满意时，可以使用"橡皮擦"工具进行修改。

（28）选择"钢笔工具"，在选项栏中设置"绘制模式"为"形状"，在文字外侧绘制文字的轮廓，如图6-126所示。

图 6-126

（29）选中文字轮廓所在的图层，单击选项栏中的"填充"按钮，在下拉面板中将"填充类型"设置为"渐变"，编辑一个蓝绿色的渐变色，将"渐变模式"设置为"线性"，将"描边"设置为"无"，如图6-127所示。

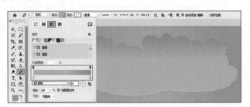

图 6-127

（30）在"图层"面板中选中该形状图层，将其拖曳到文字图层下方，如图6-128所示。

图 6-128

（31）操作完成后，图形效果如图6-129所示。

图 6-129

（32）选中该文字图层，执行"图层>图层样式>斜面和浮雕"命令，在打开的"斜面和浮雕"对话框中，将"样式"设置为"内斜面"，将"方法"设置为"平滑"，将"深度"设置为72%，将"大小"设置为100像素，将"软化"设置为6像素，将"角度"设置为120度，将"高度"设置为30度，将"高光模式"设置为滤色，将"高光颜色"设置为"白色"，将不透明度设置为75%，将"阴影模式"设置为"正片叠底"，将"阴影颜色"设置为蓝色，将"不透明度"设置为75%，如图6-130所示。

图 6-130

此时，图形的效果如图6-131所示。

图 6-131

（33）在文字图层的下一层新建图层，将前景色设置为深蓝色，在选项栏中选择一个柔边圆笔尖，将笔尖大小设置为175像素，将"不透明度"设置为75%，然后使用该画笔涂抹绘制文字的阴影，如图6-132所示。

（34）使用"横排文字工具" **T.** 在主体文字下方添加文字，如图6-133所示。

图 6-132

图 6-133

（35）选中该文字所在的图层，选择"横排文字工具"，单击选项栏中的"创建文字变形"按钮 工，打开"变形文字"对话框，将"样式"设置为"扇形"，将"方向"设置为"水平"，将"弯曲"设置为+5%，设置完成后单击"确定"按钮，如图6-134所示。

图 6-134

（36）操作完成后，图形效果如图6-135所示。

图 6-135

（37）选中英文文字所在的图层，执行"图层>图层样式>斜面和浮雕"命令，在打开的"斜面和浮雕"对话框中将"样式"设置为内斜面，将"方法"设置为"平滑"，将"深度"设置为500%，将"大小"设置为1像素，将"软化"设置为8像素，将"角度"设置为120度，将"高度"设置为30度，

将"高光模式"设置为滤色，将"颜色"设置为白色，将"不透明度"设置为75%，将"阴影模式"设置为"正片叠底"，将"颜色"设置为棕色，将"不透明度"设置为75%，如图6-136所示。

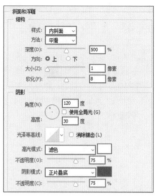

图 6-136

（38）在"图层样式"对话框中单击左侧列表中的"描边"图层样式，将"大小"设置为10像素，将"位置"设置为"外部"，将"填充类型"设置为"颜色"，将"颜色"设置为深蓝色，如图6-137所示。

图 6-137

（39）在"图层样式"对话框中单击左侧列表中的"渐变叠加"图层样式，将"混合模式"设置为正常，将"不透明度"设置为100%，渐变为多彩色系的渐变色，将"样式"设置为"线性"，将"角度"设置为90度，将"缩放"设置为150%，如图6-138所示。

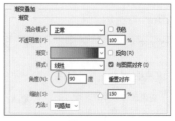

图 6-138

（40）在"图层样式"对话框中单击左侧列表中的"投影"图层样式，将"混合模式"设置为"正片叠底"，将"颜色"设置为黑蓝色，将"不透明度"设置为75%，将"角度"设置为94度，将"距离"设置为10像素，将"扩展"设置为0%，将"大小"设置为10像素，如图6-139所示。

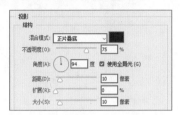

图 6-139

（41）设置完成后，单击"确定"按钮，英文文字效果如图6-140所示。

图 6-140

（42）制作英文的白色底色。在英文所在图层的下一层新建图层，按住Ctrl键单击英文文字所在图层的缩略图载入该文字选区，如图6-141所示。

图 6-141

（43）执行"选择>修改>扩展"命令，在打开的"扩展选区"对话框中设置"扩展量"为30像素，设置完成后单击"确定"按钮，如图6-142所示。

图 6-142

（44）将前景色设置为白色，选中刚才新建的图层，按Alt+Delete组合键填充前景色，图形效果如图6-143所示。

图 6-143

（45）选中白色底色图层，执行"图层>图层样式>描边"命令，在打开的"描边"对话框中将"大小"设置为2像素，将"位置"设置为"外部"，将"填充类型"设置为颜色，将"颜色"设置为浅蓝色，如图6-144所示。

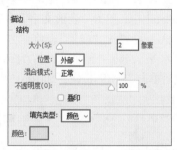

图 6-144

（46）在"图层样式"对话框中单击左侧列表中的"投影"图层样式，将"混合模式"设置为正片叠底，将"颜色"设置为蓝色，将"不透明度"设置为75%，将"角度"设置为120度，取消勾选"使用全局光"复选项，将"距离"设置为12像素，将"扩展"设置为0%，将"大小"设置为49像素，设置完成后单击"确定"按钮，如图6-145所示。

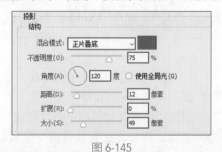

图 6-145

（47）此时，文字的效果如图6-146所示。

图 6-146

（48）选中"云"图层组，按Ctrl+J组合键将其复制一份，将其移动至"梦"字的前方并适当调整大小和位置，调整后的效果如图6-147所示。

图 6-147

（49）使用相同的方法多复制几朵"云"，并摆放在相应的位置上，如图6-148所示。

图 6-148

（50）案例完成后的效果如图6-149所示。

图 6-149

6.6 扩展练习：喜庆团圆节日广告

文件路径：资源包\案例文件\第6章图像特效\扩展练习：喜庆团圆节日广告

案例效果如图6-150所示。

图 6-150

1. 项目诉求

本案例需要制作某餐厅中秋节的宣传广告，要求广告能够传达出中秋节的氛围。例如，利用中秋节元素和节日色彩等来营造节日氛围。同时要求通过美食的图片和文字描述吸引观者的眼球，提高餐厅的知名度和吸引力。

2. 设计思路

中秋节是中国的传统节日，该节日的元素非常多，如圆月、月饼、花灯等。

画面以灯笼作为主要的视觉元素，中心圆形主体物与中秋满月相呼应。将餐厅的爆款菜品作为点缀，使这种喜庆美满的氛围延伸到观者对菜品和餐厅的感受中。

3. 配色方案

该广告采用了中国传统节日的代表颜色红色作为主色调，大面积的红色具有很强的感染力，能使观者在看广告时感受到喜庆的氛围。以金色作为点缀色，让整个画面的氛围更热闹、更欢乐。本案例的配色如图6-151所示。

图 6-151

4. 项目实战

操作步骤：

（1）新建一个空白文档，将前景色设置为红色、背景色设置为深红色，选择工具箱中的"渐变工具"，打开"渐变编辑器"对话框，展开"基础"渐变组，选择"前景色到背景色"渐变，这样可以快速编辑一个红色系渐变，然后向右拖曳红色色标，渐变编辑完成后单击"确定"按钮，如图6-152所示。

图 6-152

（2）设置渐变类型为"径向渐变"，在画面中拖曳鼠标填充渐变色，如图6-153所示。

图 6-153

（3）选中"背景"图层，执行"滤镜>滤镜库"命令，在弹出的对话框中展开"纹理"滤镜组，选择"纹理化"滤镜，打开"纹理化"对话框，将"纹理"设置为"画布"，"缩放"设置为100%，将"凸现"设置为4，将"光照"设置为"上"，设置完成后单击"确定"按钮，如图6-154所示。

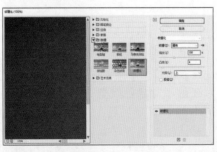

图 6-154

（4）此时的画面效果如图6-155所示。

图 6-155

（5）执行"文件>置入嵌入对象"命令，将雪花素材1置入文档内，并栅格化其所在的图层，如图6-156所示。

图 6-156

（6）选中雪花素材1所在的图层，将该图层的"混合模式"设置为"柔光"，如图6-157所示。

图 6-157

（7）此时的画面效果如图6-158所示。

图 6-158

（8）将灯笼素材2置入文档中，摆放在画面左上角位置，并栅格化其所在的图层，如图6-159所示。

图 6-159

（9）选中灯笼素材2所在的图层，执行"滤镜>滤镜库"命令，在弹出的对话框中展开"纹理"滤镜组，选择"纹理化"滤镜，打开"纹理化"对话框，将"纹理"设置为"画布"，将"缩放"设置为100%，将"凸现"设置为4，将"光照"设置为"上"，设置完成后单击"确定"按钮，如图6-160所示。

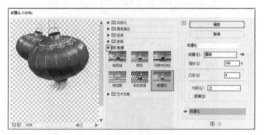

图 6-160

（10）此时，灯笼的效果如图6-161所示。

图 6-161

（11）选中灯笼素材2图层，按Ctrl+J组合键将该图层复制一份。执行"编辑>变换>水平翻转"命令，将灯笼素材移动到画面右上角，如图6-162所示。

（12）选择工具箱中的"椭圆工具" ，在选项栏中将"绘制模式"设置为"形状"，将"填充"设置为任意颜色，将"描边"设置为"无"。设置完成后在画面中按住Shift键拖曳鼠标绘制一个正圆，如图6-163所示。

图 6-162

图 6-163

（13）选中"正圆"图层，单击"图层"面板底部的fx按钮，执行"描边"命令，在打开的"描边"对话框中将"大小"设置为7像素，将"位置"设置为"外部"，将"混合模式"设置为正常，将"颜色"设置为土黄色，如图6-164所示。

图 6-164

（14）单击"内阴影"窗口，将"混合模式"设置为"正片叠底"，将颜色设置为黑色，将"不透明度"设置为50%，将"角度"设置为120度，将"阻塞"设置为10%，将"大小"设置为20像素，如图6-165所示。

图 6-165

（15）设置完成后单击"确定"按钮，此时图形的效果如图6-166所示。

图 6-166

（16）将灯笼素材3置入文档中，并栅格化其所在的图层，如图6-167所示。

图 6-167

（17）选中该图层，执行"滤镜>锐化>USM锐化"命令，在弹出的"USM锐化"对话框中将"数量"设置为80%，将"半径"设置为2.0像素，设置完成后单击"确定"按钮，如图6-168所示。

图 6-168

（18）图片锐化前后的对比效果如图6-169所示。

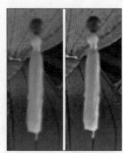

图 6-169

（19）选中灯笼图片图层，执行"图层>创建剪贴蒙版"命令，以下方正圆图层作为基底图层创建剪贴蒙版，如图6-170所示。

图 6-170

（20）将美食素材4置入文档中，并摆放在合适的位置，如图6-171所示。

图 6-171

（21）选择工具箱中的"横排文字工具"，在画面中单击后，在选项栏中设置合适的字体、字号，并将文字颜色设置为黑色，输入文字，然后按Ctrl+Enter组合键结束输入操作，如图6-172所示。

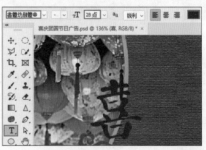

图 6-172

（22）选中该文字图层，按Ctrl+J组合键将图层复制一份，并调整复制图层的位置，如图6-173所示。

图 6-173

（23）双击复制图层的图层缩览图将文字选中，先调整文字大小，然后更改文字内容，如图6-174所示。

图 6-174

（24）以相同的方式添加另外两个文字，如图6-175所示。

图 6-175

（25）将祥云素材5和祥云素材6置入文档中，摆放在文字附近，并栅格化其所在的图层，如图6-176所示。

（26）选中4个文字图层和两个祥云图层，按Ctrl+G组合键将选中的图层编组。选中图层组，单击"图层"面板底部的 fx 按钮，执行"描边"命令，在打开的"描边"对话框中将"大小"设置为4像素，将"位置"设置为"外部"，将"混合模式"设置为正常，将"颜色"设置为黄褐色，如图6-177所示。

图 6-176

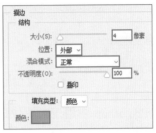

图 6-177

（27）单击"投影"窗口，打开"投影"对话框，将"混合模式"设置为"正片叠底"，将颜色设置为黑色，将"不透明度"设置为100%，将"角度"设置为120度，将"距离"设置为6像素，将"扩展"设置为9%，将"大小"设置为10像素，如图6-178所示。

图 6-178

（28）设置完成后单击"确定"按钮，此时标题文字效果如图6-179所示。

图 6-179

（29）使用"横排文字工具"在标题文字下方添加文字，案例完成后的效果如图6-180所示。

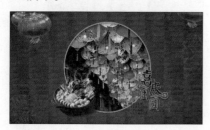

图 6-180

6.7 课后习题

一、选择题

1. Photoshop 中用于对图像进行模糊处理的功能是（　　）。
   A．锐化工具
   B．"斜面和浮雕"图层样式
   C．"高斯模糊"滤镜
   D．"添加噪点"滤镜
2. 要想隐藏图像中的某些信息，可以对图像局部使用哪种功能？（　　）
   A．"马赛克"滤镜
   B．"智能锐化"滤镜
   C．绘制选区
   D．红眼消除
3. 要想提高图像的清晰度，可以使用哪种滤镜？（　　）
   A．"表面模糊"滤镜
   B．"油画"滤镜
   C．"曝光过度"滤镜
   D．"智能锐化"滤镜

二、填空题

1. （　　　　）滤镜可以使图像产生大量黑白两色的像素点。
2. （　　　　）图层样式可以在图层上添加阴影效果，使其看起来像是浮在其他对象上方。
3. 在Photoshop中，通常可以使用（　　　　）图层样式为图层添加外发光效果，使其看起来像是被光芒包围着。

三、判断题

1. "描边"图层样式可以用于在图层边缘添加描边效果，使其看起来像是被勾勒出来的。（　　）
2. Photoshop中的图层样式只能应用于单个图层，无法应用于图层组。（　　）

 课后实战

● 运用滤镜制作奇特效果

运用Photoshop中的滤镜可使图像产生奇特的艺术化效果，也可将处理后的图像作为海报或广告的背景使用。

第7章

游戏App用户排名界面设计

文件路径：资源包\案例文件\第7章 UI设计综合应用\游戏App用户排名界面

7.1 项目诉求

本案例需要制作游戏App用户排名的界面，用于展示用户通关后的排名及得分信息。用户排名是界面的核心，需要突出显示。在设计排名界面时，可以考虑将游戏的元素融入其中，让用户感受到与游戏相似的氛围和情感，如图7-1所示。

图 7-1

7.2 设计思路

在设计界面时，需要将用户体验放在首位，让用户在使用过程中感受到愉悦和满足。设计简洁、易懂、鲜明地代表胜利的文字让结果一目了然。为了突出用户成绩，将不同排名的用户图标信息以大小进行区分，形成明显的差异化，同时也满足了用户的心理预期。

除了成绩之外，还可以在界面上显示用户的昵称、头像等信息，让用户感受到个性化和归属感。在界面上添加分享和挑战功能，让用户可以分享自己的成绩，或者挑战其他用户的成绩，以增强互动性和趣味性。

7.3 配色方案

该界面采用了高纯度的配色方案，色彩

丰富浓郁，虽然使用的颜色种类较多，但通过面积的对比能够保持画面的整体性。该界面采用了蓝紫色调作为主色调，大面积使用明度较低的蓝紫色营造出神秘、梦幻的气氛，主体部分则使用了明度稍高的色彩。通过颜色的明暗对比，形成画面的空间感和层次感。本案例的配色如图7-2所示。

图 7-2

7.4 项目实战

1. 制作界面的背景

（1）新建一个iPhone8/7/6 Plus尺寸的空白文档，将前景色设置为宝蓝色，按Alt+Delete组合键进行填充，如图7-3所示。

图 7-3

（2）选择工具箱中的"矩形工具"，在选项栏中将"绘制模式"设置为"形状"，将"填充"设置为蓝色系的渐变，将"描边"设置为蓝色，将"描边粗细"设置为15像素。设置完成后在画面中拖曳鼠标绘制一个上边、左边、右边超出画面范围的矩形，如图7-4所示。

（3）选中矩形图层，单击"图层"面板底部的"添加图层样式"按钮*fx*，执行"投影"命令，在打开的"投影"对话框中将"混合模式"设置为"正片叠底"，将"颜色"

设置为深蓝紫色，将"不透明度"设置为100%，将"角度"设置为120度，将"距离"设置为10像素，将"大小"设置为100像素，如图7-5所示。

图 7-4

图 7-5

（4）设置完成后单击"确定"按钮，效果如图7-6所示。

图 7-6

（5）选择工具箱中的"横排文字工具" T，在画面中单击插入光标，在选项栏中选择合适的字体，将文字颜色设置为蓝色，接着输入文字。文字输入完成后按Ctrl+Enter组合键结束文字输入操作，效果如图7-7所示。

（6）选中文字图层，按Ctrl+T组合键进入自由变换模式，拖曳控制点旋转文字，并更改文字的大小和位置。变换完成后按

Enter键结束变换操作，效果如图7-8所示。

图 7-7

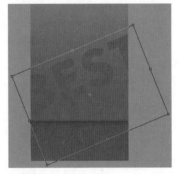

图 7-8

（7）选中文字图层，在"图层"面板中将"混合模式"设置为"柔光"，将"不透明度"设置为63%，效果如图7-9所示。

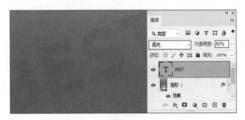

图 7-9

（8）将状态栏素材1置入画布内，并移动到画布最顶部，如图7-10所示。

图 7-10

2. 制作标题文字

（1）使用"横排文字工具" T 在画面中添加文字，如图7-11所示。

图 7-11

（2）执行"窗口>样式"命令，打开"样式"面板。打开"素材"文件夹，选择素材2，将其向"样式"面板中拖曳，如图7-12所示。释放鼠标左键后即完成样式的导入操作。

图 7-12

（3）选中文字图层，单击"样式"面板中新导入的样式，快速为文字赋予样式，如图7-13所示。

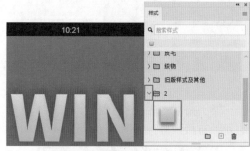

图 7-13

（4）使用"横排文字工具"在标题文字上方添加文字，如图7-14所示。

图 7-14

3. 制作用户信息模块

（1）单击"图层"面板底部的"创建新组"按钮▢，创建新图层组并命名为Player 1，如图7-15所示（接下来的操作将在该图层组中完成）。

图 7-15

（2）选择工具箱中的"椭圆工具"▢，在选项栏中将"绘制模式"设置为"形状"，将"填充"设置为蓝色，将"描边"设置为浅蓝色，将"描边粗细"设置为20像素，按住Shift键拖曳鼠标绘制一个正圆，如图7-16所示。

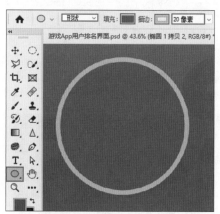

图 7-16

（3）选中该正圆，在"图层"面板中将"不透明度"设置为"15%"，如图7-17所示。

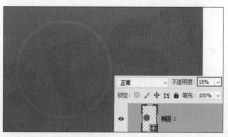

图 7-17

Photoshop 2022 平面设计案例教程（全彩慕课版）

（4）再次使用"椭圆工具" 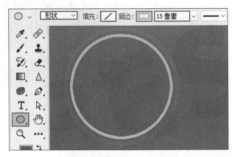绘制一个正圆，将"填充"设置为"无"，将"描边"设置为绿色，将"描边粗细"设置为15像素，如图7-18所示。

图 7-18

（5）将动物素材3置入画布内，调整至合适的大小，并栅格化其所在的图层。选择工具箱中的"椭圆选框工具" ，按住Shift键拖曳鼠标绘制一个正圆选区，如图7-19所示。

图 7-19

（6）选中动物素材3图层，单击"图层"面板底部的"添加图层蒙版"按钮 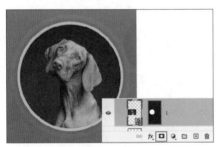，以当前选区为该图层添加图层蒙版，如图7-20所示。

图 7-20

（7）执行"窗口>形状"命令，在面板菜单中执行"旧版形状及其他"命令，如图7-21所示。这样可载入另一部分常用的图形。

图 7-21

（8）选择工具箱中的"自定形状工具"，将"绘制模式"设置为"形状"，展开"形状"列表，在其中找到"旧版形状及其他"，继续展开"所有旧版默认形状.csh"＞"形状"组，选择一个合适的形状，拖曳鼠标绘制图形，绘制完成后将"填充"设置为黄色，将"描边"设置为"无"，如图7-22所示（如果没有合适的形状，也可以使用"钢笔工具"绘制）。

图 7-22

（9）选中黄色图形图层，按Ctrl+J组合键将图层复制一份，然后将图形向下移动，并进行旋转和缩小，效果如图7-23所示。

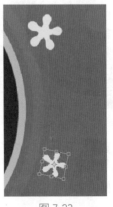

图 7-23

（10）继续复制图形，并调整到合适的大小和位置，效果如图7-24所示。

图 7-24

（11）选中黄色形状的图层，按Ctrl+G组合键进行编组。选中图层组，单击"图层"面板底部的"添加图层样式"按钮 *fx*，执行"投影"命令。在打开的"投影"对话框中将"混合模式"设置为"正常"，将"颜色"设置为蓝紫色，将"不透明度"设置为100%，将"角度"设置为120度，将"距离"设置为5像素，将"扩展"设置为22%，将"大小"设置为24像素，如图7-25所示。

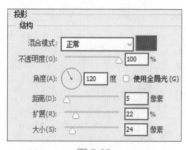

图 7-25

（12）投影细节效果如图7-26所示。

图 7-26

（13）选择工具箱中的"椭圆工具"，将"绘制模式"设置为"形状"，按住Shift键并拖曳鼠标绘制一个正圆形，在选项栏中将"填充"设置为黄色，将"描边"设置为

"无"，如图7-27所示。

图 7-27

（14）选中正圆图层，单击"图层"面板底部的"添加图层样式"按钮 *fx*，执行"内阴影"命令。在打开的"内阴影"对话框中将"混合模式"设置为"深色"，将"颜色"设置为黄色，将"不透明度"设置为50%，将"角度"设置为-90度，将"距离"设置为12像素，将"阻塞"设置为46%，将"大小"设置为1像素，如图7-28所示。

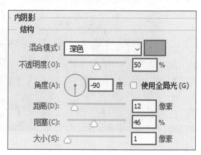

图 7-28

（15）设置完成后单击"确定"按钮，效果如图7-29所示。

图 7-29

（16）选择工具箱中的"钢笔工具"，在选项栏中将"绘制模式"设置为"形状"，在头像底部绘制彩带图形，绘制完成后将"填充"设置为绿色系渐变，将"描边"设置为"无"，如图7-30所示。

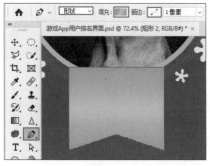

图 7-30

（17）图形绘制完成后，将绘制图形所在图层移动到绿色正圆下方，如图7-31所示。

图 7-31

（18）选中彩带图层，单击"图层"面板底部的"添加图层样式"按钮 *fx*，执行"投影"命令。在打开的"投影"对话框中将"混合模式"设置为"正常"，将"颜色"设置为藏蓝色，将"不透明度"设置为34%，将"角度"设置为-42度，将"距离"设置为10像素，将"扩展"设置为22%，将"大小"设置为38像素，如图7-32所示。

图 7-32

（19）设置完成后单击"确定"按钮，效果如图7-33所示。

（20）继续使用"横排文字工具"在相应位置添加文字，如图7-34所示。

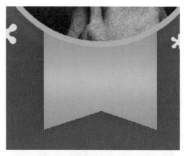

图 7-33

图 7-34

（21）选中"500"文字图层，单击"图层"面板底部的"添加图层样式"按钮 *fx*，执行"投影"命令。在打开的"投影"对话框中将"混合模式"设置为"正常"，将"颜色"设置为灰色，将"不透明度"设置为14%，将"角度"设置为"-83"度，将"距离"设置为3像素，将"扩展"设置为54%，将"大小"设置为8像素，如图7-35所示。

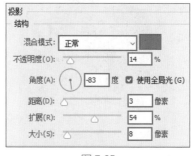

图 7-35

（22）设置完成后单击"确定"按钮，文字效果如图7-36所示。

图 7-36

（23）选中Player 1图层组，单击"图层"面板底部的"添加图层样式"按钮，执行"投影"命令。在打开的"投影"对话框中将"混合模式"设置为"正片叠底"，将颜色设置为蓝色，将"不透明度"设置为"100%"，将"角度"设置为120度，将"距离"设置为10像素，将"扩展"设置为0%，将"大小"设置为100像素，如图7-37所示。

图 7-37

（24）设置完成后单击"确定"按钮，此时的画面效果如图7-38所示。

图 7-38

（25）将用户1的内容复制并缩放，移动到右侧，更换其中的颜色、文字及图像，制作出用户2的信息展示模块，如图7-39所示。

图 7-39

4. 制作界面底部的按钮

（1）制作"历史排名"按钮。使用"矩形工具" 在画布底部绘制一个矩形，填充为蓝色，如图7-40所示。

图 7-40

（2）使用"矩形工具" 在画布顶部绘制一个稍小的矩形，填充浅一些的颜色，如图7-41所示。

图 7-41

（3）选择工具箱中的"添加锚点工具" ，在浅蓝色顶部的中间位置单击添加4个锚点，如图7-42所示。

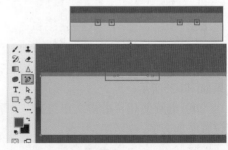

图 7-42

（4）使用"转换点工具"分别单击这4个锚点，使之转换为尖角的锚点。然后使用"直接选择工具"选中内侧的两个锚点并向下拖曳进行变形，如图7-43所示。

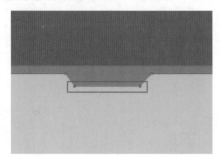

图 7-43

（5）选择工具箱中的"自定形状工具"，在选项栏中将"绘制模式"设置为"形状"。展开"形状"列表，在其中找到"旧版形状及其他"，继续展开"所有旧版默认形状.csh" > "Web"组，在其中找到"时钟"形状。然后绘制图形，将"填充"设置为白色，将"描边"设置为"无"，如图7-44所示。

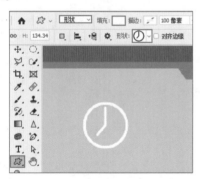

图 7-44

（6）使用"横排文字工具"添加文字，如图7-45所示。

图 7-45

（7）将所有制作"历史排名"按钮的图层加选后按Ctrl+G组合键进行编组，将其他图层组的投影样式复制到该图层组中。在其他图层组的图层样式图标上单击鼠标右键，执行"拷贝图层样式"命令，如图7-46所示。

图 7-46

（8）选中"历史排名"图层组，单击鼠标右键，执行"粘贴图层样式"命令，如图7-47所示。

图 7-47

（9）此时"历史排名"按钮制作完成，如图7-48所示。

图 7-48

（10）使用相同的方法制作底部紫色的分享按钮。案例完成效果如图7-49所示。

图 7-49

第8章

休闲食品包装盒设计

8.1 项目诉求

本案例需要设计一款主打健康、天然的曲奇饼干的包装盒，要求在包装盒上突出产品特点和优势，如口感、材料等。需要通过包装盒的形状、颜色和图片等呈现方式，让用户了解产品特点和使用价值；通过合理的色彩搭配，使包装盒整体颜色和谐，突出品牌形象，提高产品辨识度，效果图如图8-1所示。

图 8-1

8.2 设计思路

本案例的包装盒力求突出产品特点，而配色则传达出清新、自然、健康的品牌形象。同时，在包装盒上加入了美味的曲奇饼干，增强了视觉吸引力，让用户一眼便对产品产生好感。在包装盒的正面可以重点突出产品的特点和优势，如产品的口感酥脆、制作材料等，使用户对产品特点和使用价值有更加深刻的了解。

8.3 配色方案

整个包装盒采用中明度的色彩基调，以偏黄的浅灰色作为背景颜色，奠定了轻柔的氛围。在浅黄灰色的衬托下，绿色显得生机勃勃，让人联想到健康和天然。点缀以红色和橙色，在绿色的对比之下，美味之感油然而出。本案例的配色如图8-2所示。

图 8-2

8.4 项目实战

1. 制作包装盒平面图的背景

（1）新建一个"宽度"为35厘米、"高度"为30厘米、"分辨率"为300像素/英寸的空白文档。按Ctrl+R组合键调出标尺，创建用于辅助各部分区域绘制的参考线，如图8-3所示。

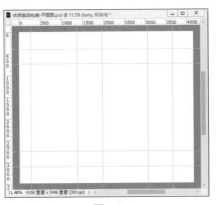

图 8-3

（2）选择工具箱中的"矩形工具"，在选项栏中将"绘制模式"设置为"形状"，拖曳鼠标绘制矩形，在选项栏中将"填充"设置为浅黄灰色，将"描边"设置为"无"，如图8-4所示。

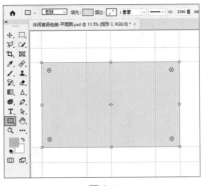

图 8-4

（3）执行"文件>置入嵌入对象"命令，将素材1置入文档中，并栅格化其所在的图层，如图8-5所示。

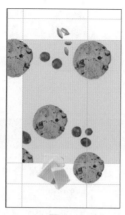

图 8-5

（4）选中"素材1"图层，单击鼠标右键，执行"创建剪贴蒙版"命令，超出矩形的区域将被隐藏，如图8-6所示。

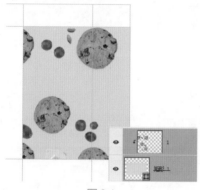

图 8-6

（5）选择工具箱中的"矩形选框工具"，在产品素材上拖曳鼠标绘制矩形选区，如图8-7所示。

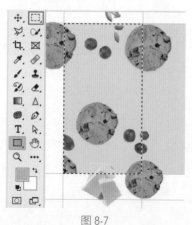

图 8-7

（6）选中"素材1"图层，单击"图层"面板底部的"添加图层蒙版"按钮，以

当前选区为该图层添加图层蒙版，如图8-8所示。

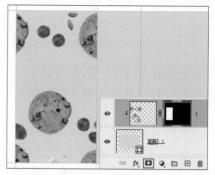

图 8-8

（7）选中"素材1"图层，单击"图层"面板底部的"添加图层样式"按钮 fx，执行"投影"命令。在打开的"投影"对话框中将"混合模式"设置为"正片叠底"，将颜色设置为深褐色，将"不透明度"设置为20%，将"角度"设置为102度，将"距离"设置为8像素，将"大小"设置为40像素，如图8-9所示。

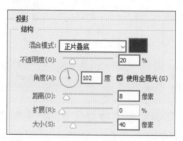

图 8-9

（8）设置完成后单击"确定"按钮，细节展示效果如图8-10所示。

图 8-10

（9）选中"素材1"图层，按Ctrl+J组合键将图层复制一份，然后将复制图层中的素材向右侧移动并创建剪贴蒙版，如图8-11所示。

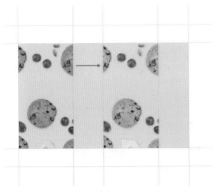

图 8-11

（10）选择工具箱中的"矩形工具" ▢ ，将"绘制模式"设置为"形状"，拖曳鼠标绘制一个矩形，在选项栏中将"填充"设置为绿色，将"描边"设置为"无"，如图8-12所示。

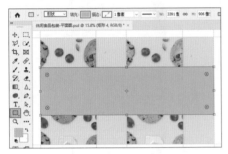

图 8-12

（11）选择工具箱中的"画笔工具"，按F5键调出"画笔设置"面板，选择一个圆形画笔笔尖，将"大小"设置为45像素，将"间距"设置为94%，如图8-13所示。

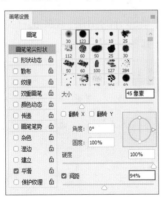

图 8-13

（12）将前景色设置为与矩形相同的绿色。新建图层，按住Shift键沿着矩形底部拖曳鼠标进行绘制，得到波浪形的边缘，如图8-14所示。

图 8-14

（13）选中新建图层，按Ctrl+J组合键将图层复制一份，然后将其移动到绿色矩形顶部，如图8-15所示。

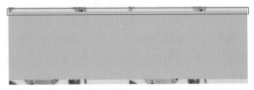

图 8-15

（14）使用"矩形工具"在左上角绘制矩形，并将"填充"设置为浅黄灰色。选择该矩形，在属性面板中取消圆角的链接状态，设置左上角和右上角的圆角半径为112像素，效果如图8-16所示。

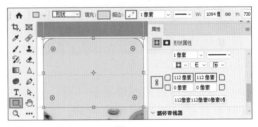

图 8-16

（15）选中上一步图层，按Ctrl+J组合键将图层复制一份，然后将其移动到画面右下角，如图8-17所示。

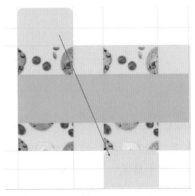

图 8-17

（16）执行"编辑>变换>垂直翻转"命令，效果如图8-18所示。

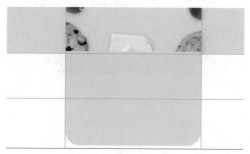

图 8-18

（17）选择工具箱中的"钢笔工具"，在选项栏中设置绘制模式为"形状"，在包装顶部绘制四边形，将该图形的"填充"设置为浅黄灰色、"描边"设置为"无"，如图8-19所示。

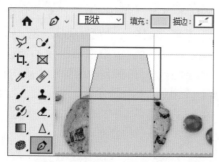

图 8-19

（18）将四边形图层复制一份，然后垂直向下移动，并进行垂直翻转，如图8-20所示。

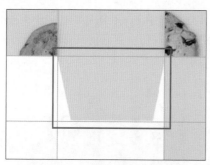

图 8-20

（19）选中两个四边形图层，按Ctrl+J组合键将图层复制一份，然后将复制图层中的素材向右水平移动，如图8-21所示。

（20）使用"钢笔工具"在画面最右侧绘制四边形，如图8-22所示。

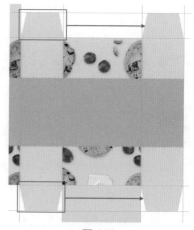

图 8-21

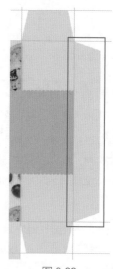

图 8-22

（21）此时背景部分制作完成，可以选中制作背景部分的图层，按Ctrl+G组合键进行编组，如图8-23所示。

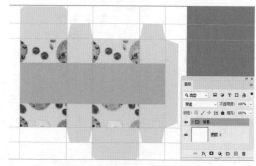

图 8-23

2. 制作包装盒正面的标志

（1）使用"矩形工具"绘制矩形，将"填充"设置为红色，将"描边"设置为白色，将"描边粗细"设置为7.5像素。在"属性"面板中取消圆角的链接状态，设置左上角和右下角的圆角半径为50像素，效果如图8-24所示。

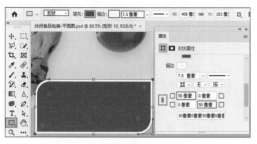

图 8-24

（2）按Ctrl+T组合键进入自由变换模式，单击鼠标右键，执行"斜切"命令。拖曳顶部中间和右侧中间的控制点，完成后按Enter键结束变换操作，效果如图8-25所示。

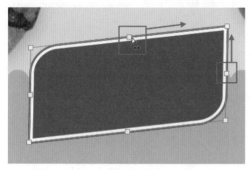

图 8-25

（3）选择工具箱中的"横排文字工具"，在画面中单击插入光标，在选项栏中设置合适的字体、字号，并设置文字颜色为白色，接着输入文字，如图8-26所示。

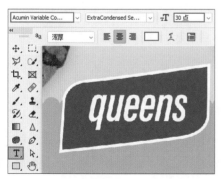

图 8-26

（4）选中文字图层，按Ctrl+T组合键进入自由变换模式，同样进行斜切操作，如图8-27所示。

图 8-27

（5）使用"钢笔工具"在红色四边形上方绘制皇冠图形，在选项栏中将"填充"设置为红色，将"描边"设置为白色，将"描边粗细"设置为4.5像素，如图8-28所示。

图 8-28

（6）选择工具箱中的"椭圆工具"，在皇冠顶部按住Shift键拖曳鼠标绘制正圆，然后在选项栏中将"填充"设置为红色，将"描边"设置为白色，将"描边粗细"设置为2像素，如图8-29所示。

图 8-29

（7）此时标志图形制作完成，可以选中制作标志所在的图层，按Ctrl+G组合键进行编组，并命名为"标志"，如图8-30所示。

图 8-30

（8）使用"横排文字工具"添加标题文字，如图8-31所示。

图 8-31

（9）选中文字图层，单击鼠标右键，执行"转换为形状"命令，将文字图层转换为形状图层，如图8-32所示。

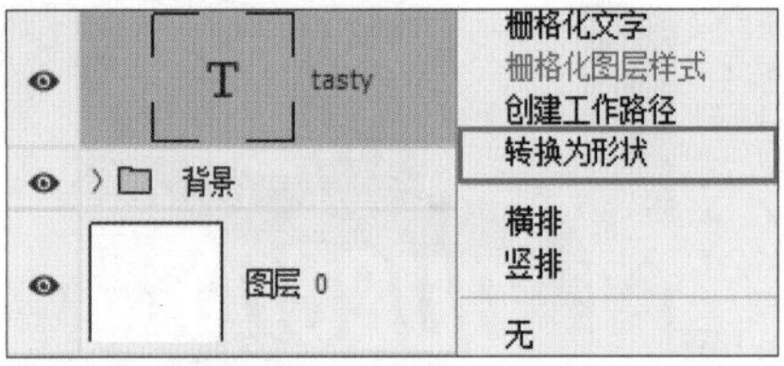

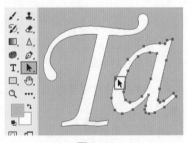

图 8-32

（10）选择工具箱中的"路径选择工具"，单击字母将其选中，然后拖曳字母调整位置，如图8-33所示。

图 8-33

（11）调整其他字母的位置，如图8-34所示。

图 8-34

（12）选择工具箱中的"直接选择工具"，将字母T右下角的两个锚点选中，拖曳鼠标将图形延长以改变字形，如图8-35

所示。

图 8-35

（13）在字母T被选中的状态下，使用"添加锚点工具"在路径上单击添加两个锚点，接着使用"直接选择工具"拖曳锚点进行变形，如图8-36所示。

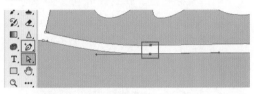

图 8-36

（14）拖曳控制柄将字母T底部调整为曲线，如图8-37所示。

图 8-37

（15）继续对字母进行变形，效果如图8-38所示。

图 8-38

3. 制作包装盒正面的其他内容

（1）使用"横排文字工具"在包装盒正面添加多组文字，如图8-39所示。

Photoshop 2022 平面设计案例教程（全彩慕课版）

图 8-39

（2）选择工具箱中的"矩形工具" □ ，在文字之间的位置绘制一个矩形，将"填充"设置为白色，如图8-40所示。

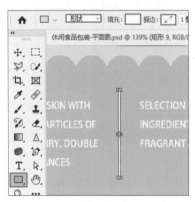

图 8-40

（3）将矩形复制一份并平移到右侧，如图8-41所示。

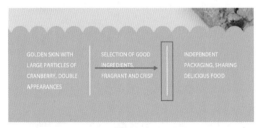

图 8-41

（4）此时包装盒的正面制作完成，可以选中文字、标志等图层，按Ctrl+G组合键进行编组，如图8-42所示。

图 8-42

（5）选中图层组，按Ctrl+J组合键进行复制，然后将其平移到右侧，如图8-43所示。

图 8-43

4. 制作包装盒平面图的侧面

（1）找到"标志"图层组，按Ctrl+Alt+E组合键将该组复制并合并为一个图层。然后将该图层移出图层组，将标志移动到包装盒侧面并适当缩小，如图8-44所示。

图 8-44

（2）将白色变形文字复制一份，移动到侧面位置并适当缩放，如图8-45所示。

图 8-45

（3）选中变形文字图层，选择任意一个形状工具，在选项栏中将"填充"更改为红色，如图8-46所示。

图 8-46

（4）使用"横排文字工具"在变形文字下方添加文字，如图8-47所示。

图 8-47

（5）使用"横排文字工具"在变形文字下方空白位置拖曳鼠标绘制文本框，在选项栏中设置合适的字体、字号，"对齐方式"设置为"居中对齐"，将"文字颜色"设置为白色，然后在文本框中添加文

字，如图8-48所示。

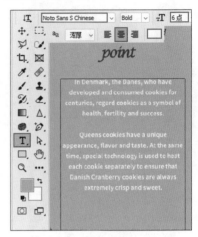

图 8-48

（6）选中段落文字图层，执行"窗口>字符"命令，打开"字符"面板，将"字距调整"设置为50，单击"全部大写字母"按钮**TT**，效果如图8-49所示。

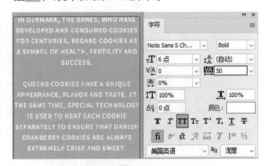

图 8-49

（7）使用"横排文字工具"在底部添加文字，如图8-50所示。

图 8-50

（8）将素材2置入文档中，并移动到包装盒侧面，如图8-51所示。

图 8-51

（9）选中"素材2"图层，单击"图层"
面板底部的"添加图层样式"按钮 *fx*，执行
"投影"命令。在打开的"投影"对话框中
将"混合模式"设置为"正片叠底"，将"颜
色"设置为深褐色，将"不透明度"设置为
20%，将"角度"设置为102度，将"距离"
设置为8像素，将"大小"设置为40像素。
参数设置如图8-52所示。

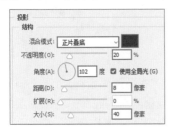

图 8-52

（10）投影细节展示效果如图8-53所示。

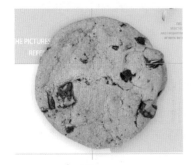

图 8-53

（11）选择工具箱中的"矩形选框工
具"，在包装盒侧面绘制一个与其等大的矩

形选框，如图8-54所示。

图 8-54

（12）选中"素材2"图层，单击"图层"
面板底部的"添加图层蒙版"按钮 ▣ ，以
当前选区为该图层添加图层蒙版，如图8-55
所示。

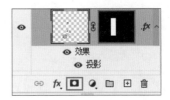

图 8-55

（13）此时包装盒一侧制作完成，可以
选中图层进行编组，如图8-56所示。

图 8-56

（14）制作包装盒的另外一个侧面。将标志、标题文字复制一份并移动到另外一个侧面，如图8-57所示。

图 8-57

（15）使用"横排文字工具" T. 在下方绿色矩形中创建段落文字。在"字符"面板中设置合适的字体、字号，将"行距"设置为6点，单击"全部大写字母"按钮 TT，如图8-58所示。

图 8-58

（16）制作成分配料表。使用工具箱中的"矩形工具"绘制一个矩形，在选项栏中将"填充"设置为"无"，将"描边"设置为白色，将"描边粗细"设置为4像素，如图8-59所示。

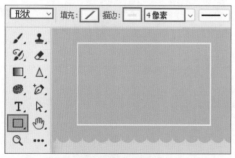

图 8-59

（17）选择工具箱中的"矩形工具"，在选项栏中将"绘制模式"设置为"形状"，将"填充"设置为白色，将"描边"设置为"无"，绘制细长的分割线，如图8-60所示。

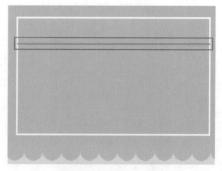

图 8-60

（18）使用"横排文字工具"在表格中添加文字，如图8-61所示。

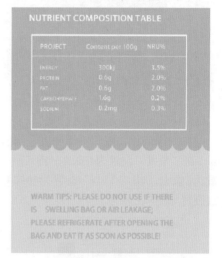

图 8-61

（19）将条形码素材3置入文档中，并移动到包装盒侧面的底部，将该图层的"混合模式"设置为"正片叠底"，然后在条形码下添加数字，如图8-62所示。

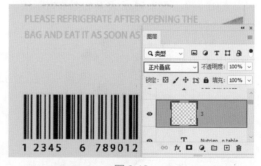

图 8-62

（20）将产品素材4置入文档中，并移动到包装盒侧面右下角。同样添加"投影"图层样式，如图8-63所示。

图 8-63

（21）至此包装盒的平面图制作完成，效果如图8-64所示。

图 8-64

5．制作包装盒的立体效果

（1）制作包装盒的立体效果需要用到包装盒的正面及侧面。首先选择工具箱中的"矩形选框工具" ，在正面图中拖曳鼠标绘制矩形选区，如图8-65所示。

图 8-65

（2）按Ctrl+Shift+C组合键将包装盒的正面合并复制，然后按Ctrl+V组合键进行粘

贴，得到独立图层，将该图层命名为"正面"，如图8-66所示。

图 8-66

（3）使用相同的方法得到侧面的独立图层，并命名为"侧面"，如图8-67所示。

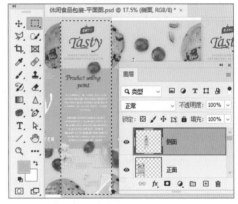

图 8-67

（4）选中"正面"和"侧面"图层，单击鼠标右键，执行"导出为"命令，如图8-68所示。

图 8-68

（5）在弹出的"导出为"对话框中勾选"全部"复选项，将"格式"设置为"JPG"，将"品质"设置为"好"，然后单击"导出"

按钮，如图8-69所示。

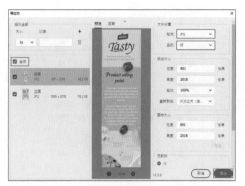

图 8-69

（6）在弹出的"选择文件夹"对话框中
找到合适的存储位置，然后单击"选择文件
夹"按钮，完成图层的保存操作，如图8-70
所示。

图 8-70

（7）将素材5在Photoshop中打开，然后
将包装正面图置入文档中，拖曳控制点将其
调整到合适大小，如图8-71所示。

图 8-71

（8）按住Ctrl键拖曳4个控制点进行
扭曲变形，使其符合包装盒的透视关系。
完成后按Enter键结束变形操作，如图8-72
所示。

图 8-72

（9）选中"正面"图层，将该图层的混
合模式设置为"正片叠底"，将正面图像融
合到包装盒中，如图8-73所示。

图 8-73

（10）使用相同的方法处理包装盒的侧
面。案例完成后的效果如图8-74所示

图 8-74

第9章

夏日促销活动宣传广告设计

文件路径：资源包\案例文件\第9章
广告设计综合应用\夏日活动宣传广告

9.1 项目诉求

    本案例需要为夏日促销活动制作宣传广告，要求通过视觉元素和文字叙述，让广告突出夏季和水果这两大核心主题，通过颜色、形状和布局等形式，让广告更加生动、形象、具有诱惑力。同时广告宣传语要简短有力、醒目且易于理解，效果图如图9-1所示。

图 9-1

9.2 设计思路

    为了突出主题，画面中添加了很多夏日元素，如冷饮、水果、树叶、阳光等。这些图案元素紧扣主题，同时色彩丰富，能够吸引人的注意。标题文字醒目且具有特色，能够给观者留下深刻的印象，有趣的文案则可以激发观者的好奇心，进而引起其想要主动了解活动信息的行为。

9.3 配色方案

    整个广告中使用了多种色彩，为了避免混乱，以大面积的绿色作为主色调，充分体现了夏日这个主题。以橙色、黄色、橘红色作为辅助色，让整个画面氛围活跃、热闹，形成强烈的感染力。本案例的配色如图9-2所示。

图 9-2

9.4 项目实战

    1. 制作广告背景

    （1）新建一个"宽度"为1500像素、"高度"为2000像素的空白文档。

    （2）将前景色设置为绿色、背景色设置为灰色。选择工具箱中的"渐变工具"，单击选项栏中的下拉按钮，展开"基础"渐变组，选择"前景色到背景色渐变"，设置渐变类型为"线性渐变"。在画面中拖曳鼠标填充渐变色，如图9-3所示。

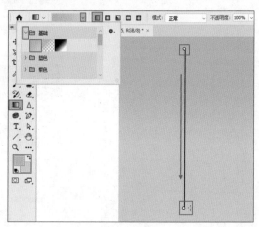

图 9-3

    （3）执行"文件>置入嵌入对象"命令，将水珠素材1置入文档中，将其移动到画面底部并栅格化其所在的图层。将该图层的"混合模式"设置为"亮光"，如图9-4所示。

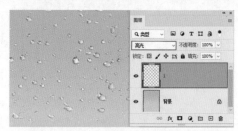

图 9-4

    （4）选中"素材1"图层，单击"图层"面板底部的"添加图层蒙版"按钮 ▢，为该图层添加图层蒙版。将前景色设置为黑色，选择工具箱中的"画笔工具"，选择一个柔边圆笔尖，将"笔尖大小"设置为400像素，将"不透明度"设置为70%，然后在蒙版中水珠的四周涂抹将其隐藏，如图9-5所示。

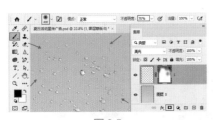

图 9-5

（5）将素材2置入文档中，并摆放在画面底部，如图9-6所示。

图 9-6

（6）单击"调整"面板中的"色相/饱和度"按钮，在"素材2"图层的上一层新建一个"色相/饱和度"调整图层。在"属性"面板中将"色相"设置为77，将"明度"设置为"-10"，单击面板底部的按钮，使调色效果只针对下方的"素材2"图层，如图9-7所示。

图 9-7

（7）此时的画面效果如图9-8所示。

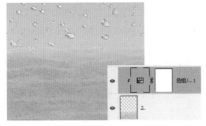

图 9-8

（8）单击"调整"面板中的"曲线"按钮，新建一个"曲线"调整图层。然后在"属性"面板中调整曲线形状，降低整个画面的亮度，如图9-9所示。

图 9-9

（9）单击"曲线"调整图层的图层蒙版，将前景色设置为黑色，选择工具箱中的"画笔工具"，在选项栏中选择柔边圆笔尖，设置笔尖大小为600像素，在画面中央位置涂抹，隐藏此处的调色效果，如图9-10所示。

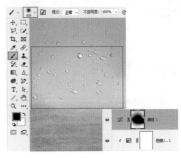

图 9-10

（10）新建图层，将前景色设置为绿色，选择工具箱中的"画笔工具"，在选项栏中选择柔边圆笔尖，将"笔尖大小"设置为1300像素，在画面底部进行绘制，如图9-11所示。

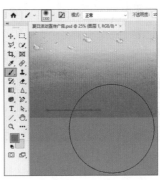

图 9-11

（11）设置该图层的"混合模式"为"正片叠底"，此时底部区域的色彩发生了变化，效果如图9-12所示。

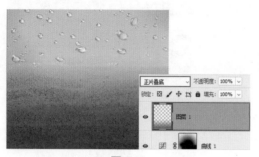

图 9-12

2. 美化水果素材

（1）将水果素材3置入文档中，将其移动到画面合适位置并栅格化其所在的图层，如图9-13所示。

图 9-13

（2）为素材3底部添加阴影。在"素材3"图层下方新建一个图层，将前景色设置为绿色，选择工具箱中的"画笔工具"，在选项栏中选择柔边圆笔尖，将"笔尖大小"设置为250像素，将"不透明度"设置为80%，在水果底部进行绘制，如图9-14所示。

图 9-14

（3）将该图层的"混合模式"设置为"正片叠底"，如图9-15所示。

图 9-15

（4）在"素材3"图层下方再次新建图层，将前景色设置为黑色，选择"画笔工具"，在选项栏中设置合适的笔尖大小，并降低笔尖的不透明度。在素材3下方进行绘制，如图9-16所示（绘制的阴影范围要比上一步骤更小）。

图 9-16

（5）将该图层的"混合模式"设置为"柔光"，至此阴影制作完成，效果如图9-17所示。

图 9-17

（6）为水果外侧添加光晕效果。在"素材3"图层上方新建一个图层，将前景色设置为橘黄色，选择工具箱中的"画笔工具"，在选项栏中设置合适的笔尖大小，并降低不透明度，然后在水果上方进行绘制。在绘制最外层时，可以将笔尖的"不透明度"设置为80%，如图9-18所示。

图 9-18

（7）将该图层的"混合模式"设置为"柔光"，将"不透明度"设置为55%，如图9-19所示。

图 9-19

3. 制作广告语艺术字

（1）选择工具箱中的"横排文字工具"，在画面中单击插入光标，在选项栏中设置合适的字体、字号，并设置文字颜色为红褐色，接着输入文字。文字输入完成后按Ctrl+Enter组合键结束文字输入操作，如图9-20所示。

图 9-20

（2）选中文字图层，在使用"横排文字工具"的状态下，单击选项栏中的"创建文字变形"按钮工。在弹出的"变形文字"对话框中将"样式"设置为"拱形"，选中"水平"单选按钮，将"弯曲"设置为38%，"垂直扭曲"设置为-25%，单击"确定"按钮，如图9-21所示。

图 9-21

（3）此时的文字效果如图9-22所示。

图 9-22

（4）选中文字图层，单击"图层"面板底部的"添加图层样式"按钮fx，执行"描边"命令，在打开的"描边"对话框中将"大小"设置为20像素，将"位置"设置为"外部"，将"混合模式"设置为正常，将"颜色"设置为白色，如图9-23所示。

图 9-23

（5）单击"图层样式"对话框左侧的"渐变叠加"，在弹出的"渐变叠加"对话框中将"混合模式"设置为"正常"，将"渐变"设置为橙色到透明的渐变色，将"样式"设置为"线性",将"角度"设置为"94度",如图9-24所示。

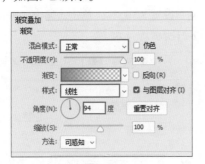

图 9-24

（6）参数设置完成后单击"确定"按钮,文字效果如图9-25所示。

图 9-25

（7）将光效素材4置入文档中,移动到标题文字上方,覆盖住标题文字,并栅格化其所在的图层。选中该图层,单击鼠标右键,执行"创建剪贴蒙版"命令,如图9-26所示。这样就以下方的标题文字图层作为基底图层创建剪贴蒙版了。

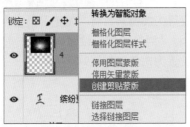

图 9-26

（8）此时的文字效果如图9-27所示。

图 9-27

（9）选中光效素材4图层,将该图层的"混合模式"设置为"滤色",如图9-28所示。

图 9-28

（10）选择工具箱中的"矩形工具",在选项栏中将"绘制模式"设置为"形状",将"填充"设置为白色,将"描边"设置为"无",在标题文字上方拖曳鼠标绘制矩形,如图9-29所示。

图 9-29

（11）继续使用"横排文字工具"在矩形中和矩形上方添加文字,如图9-30所示。

图 9-30

4. 制作底部的文字

（1）使用"矩形工具"在水果素材下方绘制一个矩形,并将"填充"设置为白色,如图9-31所示。

图 9-31

（2）使用"横排文字工具"在白色矩形中添加文字，并将文字的颜色设置为红色，如图9-32所示。

图 9-32

（3）选中文字图层，执行"窗口>字符"命令，在打开的"字符"面板中将"字距调整"设置为"30"，如图9-33所示。

图 9-33

（4）使用"横排文字工具"在"|"字符上拖曳鼠标将其选中，然后在选项栏中更改"颜色"为绿色，如图9-34所示。

图 9-34

（5）选中其他的"|"字符，将其更改为绿色，如图9-35所示。

图 9-35

（6）使用"横排文字工具"在底部添加文字。案例完成后的效果如图9-36所示。

图 9-36

第10章

画册类书籍
版面设计

10.1 项目诉求

　　本案例需要设计以图像为重点的画册类
书籍的内页排版，要求根据图像和文章内容
选择合适的展示方式和展现风格。通过图文
的合理搭配和排版，让画册内容更加生动、
形象，提高内容吸引力和改善阅读体验，效
果图如图10-1所示。

图 10-1

10.2 设计思路

　　在这个页面中，将给定的带有飞鸟的摄
影作品作为跨页的背景，满版的图像具有更强
的代入感，传递的情感也更加丰富。版面左侧
通过图形的巧妙运用，呈现出鸟儿冲破框架的
效果，为画面增加了趣味性，同时也更具故事
性。背景图右侧本身内容较少，所以将文字信
息与第二张图像相结合，搭配半透明的低明度
色块，让读者视线集中在文字上方。

10.3 配色方案

　　由给定的图像及文字信息可知，版面内
容传递出了较强的诗意和温情。据此，可以
将版面的整体色调确定为暖色调的配色方
案。采用与黄昏接近的色彩渲染整个画面，
既与背景图像的内容相吻合，又可以营造出
浪漫、温柔的氛围。本案例的配色如图10-2
所示。

图 10-2

10.4 项目实战

　　1．制作左侧版面

　　（1）将素材1打开，如图10-3所示。

图 10-3

　　（2）单击"调整"面板中的"可选颜色"
按钮，新建一个"可选颜色"调整图层。
在"属性"面板中将"颜色"设置为白色，
将"青色"调整为"-100%"，将"黄色"
设置为"100%"，将"黑色"设置为30%，
如图10-4所示。

图 10-4

　　（3）将"颜色"设置为"中性色"，将
"青色"调整为"-25%"，将"黄色"调整为
"10%"，如图10-5所示。

图 10-5

　　（4）将"颜色"设置为黑色，将"青色"
调整为"-20%"，如图10-6所示。

图 10-6

（5）此时的调色效果如图10-7所示。

图 10-7

（6）选择工具箱中的"矩形工具" 🔲，在选项栏中将"绘制模式"设置为"形状"，将"填充"设置为"无"，将"描边"设置为白色，将"描边粗细"设置为35点，在画面左侧绘制一个矩形，如图10-8所示。

图 10-8

（7）选中矩形形状图层，单击"图层"面板底部的"添加图层蒙版"按钮 🔲，为该图层添加图层蒙版，接着将该图层隐藏，如图10-9所示。

图 10-9

（8）选中照片图层，选择工具箱中的"快速选择工具"，单击选项栏中的"添加到选区"按钮 ，将"笔尖"设置为25像素，勾选"对所有图层取样"复选项，在小鸟上拖曳鼠标得到选区，如图10-10所示。

图 10-10

（9）显示矩形形状图层，单击选择图层蒙版，将前景色设置为黑色，按Alt+Delete组合键进行填充。将白色边框隐藏，以显示底部的小鸟，如图10-11所示。

图 10-11

2．制作右侧版面

（1）选择工具箱中的"矩形工具" 🔲，将"绘制模式"设置为"形状"，在版面右

Photoshop 2022　平面设计案例教程（全彩慕课版）

侧绘制矩形，将"填充"设置为黑色，将"描边"设置为"无"，如图10-12所示。

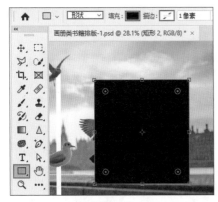

图 10-12

（2）选中矩形图层，在"图层"面板中将"不透明度"设置为60%，如图10-13所示。

图 10-13

（3）将风景素材2置入文档中，并移动到半透明矩形右下角，如图10-14所示。

图 10-14

（4）单击"调整"面板中的"曲线"按钮，在"素材2"图层上方新建一个曲线调整图层。调整曲线形状进行提亮，单击"属性"面板底部的 按钮，使调色效果只针对下方图层，如图10-15所示。

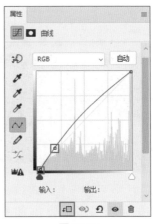

图 10-15

（5）此时的图像效果如图10-16所示。

图 10-16

（6）使用"矩形工具"绘制矩形，如图10-17所示。

图 10-17

（7）选择工具箱中的"横排文字工具"，在风景素材2中单击插入光标，在选项栏中设置合适的字体、字号，并设置文字颜色为白色，接着输入文字。文字输入完成后按Ctrl+Enter组合键结束输入，如图10-18所示。

图 10-18

（8）在标题文字下方添加文字，如图10-19所示。

图 10-19

（9）选择工具箱中的"横排文字工具" ，在风景素材中拖曳鼠标绘制文本框，在选项栏中设置合适的字体、字号，并设置文字颜色为白色。输入两段文字，文字输入完成后按Ctrl+Enter组合键结束输入，如图10-20所示。

图 10-20

（10）选中段落文字图层，单击"横排文字工具"选项栏中的 按钮，在打开的"字符"面板中将"行距"设置为24点，在打开的"段落"面板中将"段前添加空格"设置为20点，如图10-21所示。

图 10-21

（11）此时，段落文字效果如图10-22所示。

图 10-22

（12）使用"横排文字工具"在版面右下角添加文字制作页码，如图10-23所示。

图 10-23

（13）至此平面图制作完成，效果如图10-24所示。最后需要将文件保存为PSD格式，再保存一份JPEG格式文件。

图 10-24

3. 制作书籍展示效果

（1）新建一个"宽度"为2864像素、"高度"为1788像素的空白文档。将前景色设置为卡其色，按Alt+Delete组合键进行填充，如图10-25所示。

图 10-25

（2）将之前保存的JPEG格式文件置入该文档中，如图10-26所示。

图 10-26

（3）选中该图层，单击"图层"面板底部的"添加图层样式"按钮 *fx*，执行"投影"命令。在弹出的"投影"对话框中将"混合模式"设置为"正片叠底"，将颜色设置为黑色，将"不透明度"设置为20%，将"角度"设置为135度，将"距离"设置为40像素，将"大小"设置为10像素，如图10-27所示。

图 10-27

（4）设置完成后单击"确定"按钮，效果如图10-28所示。

图 10-28

（5）制作折叠效果。新建图层，选择工具箱中的"矩形选框工具" ▢，绘制一个矩形选区，如图10-29所示。

图 10-29

（6）选择工具箱中的"渐变工具" ▢，单击选项栏中的"渐变色条"，在弹出的"渐变编辑器"对话框中编辑半透明渐变，将左右两个色标均设置为黑色，将左侧色标的"不透明度"设置为60%，将右侧色标的"不透明度"设置为0，单击"确定"按钮，如图10-30所示。

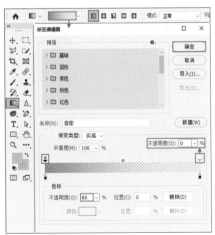

图 10-30

（7）在选区内横向拖曳鼠标填充渐变色，填充好后按Ctrl+D组合键取消选区的选择，如图10-31所示。

图 10-31

（8）选中该图层，将"不透明度"设置为"45%"，如图10-32所示。

图 10-32

（9）案例完成后的效果如图10-33所示。

图 10-33

第11章

旅游网站首页设计

11.1 项目诉求

本案例需要制作以旅游为主题的网站首页，要求通过色彩、排版、图片等元素，打造出美观、独特且有吸引力的页面，以吸引用户浏览和点击。

网站首页要通过合理的版式设计和排版方式，使网页层次分明、清晰易懂，让用户能够快速找到需要的信息。

页面中要充分展现旅游产品或景区的特色，体现品牌形象和文化内涵，引发用户的情感共鸣，效果图如图11-1所示。

图 11-1

11.2 设计思路

为了吸引用户的注意力，整个页面内容以照片的展示为主。而精美的景区照片最容易使用户产生代入感并充满期待。

整个页面篇幅较大，为避免页面产生杂乱之感，将需要展示的内容分为3部分，并以色块与图像拼接，使每部分内容得以区分。

页面中除了展示景区优美的风景外，还穿插了可视化图表，这样既能传达信息，又具有层次感和观赏性。

11.3 配色方案

以白色作为背景色，奠定了页面高明度的色彩基调，搭配高纯度的橘红色和蓝色，使画面形成对比，显得明快、鲜明。本案例的配色如图11-2所示。

图 11-2

11.4 项目实战

1. 制作首页顶栏和通栏广告

（1）新建一个"宽度"为1280像素、"高度"为3500像素、分辨率为72像素/英寸、颜色模式为RGB颜色的空白文档，如图11-3所示。

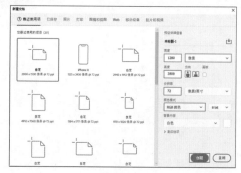

图 11-3

（2）执行"文件>置入嵌入对象"命令，将风景素材1置入文档中，移动到画面顶部并栅格化其所在的图层。选中"风景素材1"图层，单击"图层"面板底部的"添加图层蒙版"按钮 ▣，为该图层添加图层蒙版，如图11-4所示。

图 11-4

（3）选中图层蒙版，选择工具箱中的"渐变工具" 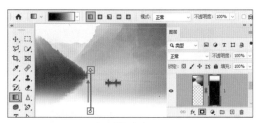，编辑一个由黑色到白色的渐变，设置渐变类型为"线性渐变"。选中风景素材蒙版，在图像底边自下而上拖曳鼠标填充渐变色。利用图层蒙版将图像底部的边缘隐藏，如图11-5所示。

图 11-5

（4）选择工具箱中的"横排文字工具" T，在风景素材中单击插入光标，在选项栏中设置合适的字体、字号，并将文字颜色设置为白色，然后输入标题文字，如图11-6所示。

图 11-6

（5）使用"横排文字工具"在"遇见"两字上拖曳鼠标将其选中，在选项栏中将文字颜色更改为蓝色，如图11-7所示。

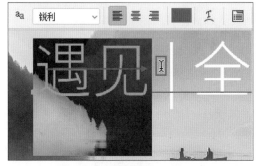

图 11-7

（6）颜色更改完成后按Ctrl+Enter组合键结束文字编辑操作，如图11-8所示。

遇见 | 全世界

图 11-8

（7）使用"横排文字工具"在标题文字右下方添加文字，在选项栏中将对齐方式设置为右对齐。选中文字图层，执行"窗口>字符"命令，打开"字符"面板，在该面板中设置合适的字体、字号，并将"行距"设置为24点，单击"仿斜体"按钮 T，如图11-9所示。

图 11-9

（8）在画面右上角添加文字作为导航栏，如图11-10所示。

图 11-10

（9）制作版面左上角的标志。使用"横排文字工具"添加两组文字，如图11-11所示。

Meet
the world

图 11-11

（10）选择工具箱中的"矩形工具"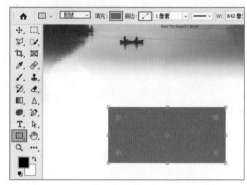，在选项栏中设置绘制模式为"形状"，绘制一个矩形，选中该矩形图层，将"填充"颜色设置为与文字相同的青灰色，将"描边"设置为"无"，如图11-12所示。

图 11-12

（11）选择工具箱中的"自定形状工具"，在选项栏中设置绘制模式为"形状"，在"形状"下拉列表中选择合适的形状，如果没有合适的形状，则可以使用"钢笔工具"绘制。选中该图层，将"填充"颜色设置为青灰色，将"描边"设置为"无"，如图11-13所示。

图 11-13

（12）至此网页的顶栏和通栏广告制作完成，效果如图11-14所示。

图 11-14

2. 制作产品信息展示模块

（1）选择工具箱中的"矩形工具"，在选项栏中将绘制模式设置为"形状"，绘制一个矩形，选中该矩形图层，将"填充"颜色设置为橘红色，将"描边"设置为"无"，如图11-15所示。

图 11-15

（2）选中矩形图层，单击"图层"面板底部的"添加图层样式"按钮 fx，选择"投影"选项。在打开的"投影"对话框中将"混合模式"设置为"正片叠底"，将颜色设置为橘红色，将"不透明度"设置为50%，将"角度"设置为88度，将"距离"设置为20像素，将"扩展"设置为5%，将"大小"设置为60像素，如图11-16所示。

图 11-16

（3）设置完成后单击"确定"按钮，效果如图11-17所示。

图 11-17

Photoshop 2022 平面设计案例教程（全彩慕课版）

（4）在矩形右上角添加文字，接着使用"矩形工具"绘制一个白色矩形，如图11-18所示。

图 11-18

（5）选择工具箱中的"横排文字工具"，在橘红色矩形中拖曳鼠标绘制段落文本框。在选项栏中设置合适的字体、字号，并将"文字颜色"设置为白色，在文本框内添加文字，如图11-19所示。

图 11-19

（6）选中段落文本图层，单击"横排文字工具"选项栏中的按钮，在打开的"字符"面板中将"行距"设置为18点，在打开的"段落"面板中将对齐方式设置为"最后一行右对齐"，如图11-20所示。

图 11-20

（7）此时，段落文字效果如图11-21所示。

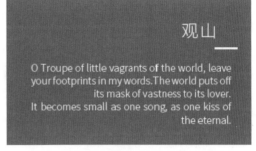

图 11-21

（8）将风景素材2置入文档中，并栅格化其所在的图层，如图11-22所示。

图 11-22

（9）为图片添加阴影。在风景素材2图层下方新建图层，将前景色设置为黑色。选择工具箱中的"画笔工具"，在选项栏中选择柔边圆笔尖，将画笔"大小"设置为125像素，将"不透明度"设置为"70%"。在图像底部按住Shift键拖曳鼠标进行绘制，效果如图11-23所示。

图 11-23

（10）此时阴影比较"重"，可以在"图层"面板中降低不透明度，将"不透明度"设置为70%，效果如图11-24所示。

图 11-24

图 11-27

（11）使用"横排文字工具"在风景素材2底部添加文字。选中该文字图层，在打开的"字符"面板中设置合适的字体、字号，并将"行距"设置为80点，将"字距调整"设置为1200，将"颜色"设置为灰色，单击"全部大写字母"按钮 **TT**，效果如图11-25所示。

3. 制作剩余产品展示模块

（1）使用相同的方法制作下方的模块，如图11-28所示（第二个模块与第一个模块形式非常相似，区别在于颜色、图像和文字内容，可将第一个模块的图层复制到下面，并更改内容，得到第二个模块的基本部分）。

图 11-25

图 11-28

（12）制作橘红色矩形底部的箭头图案。选择工具箱中的"钢笔工具" ，将绘制模式设置为"形状"，绘制一段折线，绘制完成后按Esc键退出编辑操作，将"填充"设置为"无"，将"描边"设置为灰色，将"描边粗细"设置为3点，如图11-26所示。

（2）制作数字6左侧的翻页按钮。选择工具箱中的"椭圆工具"，在选项栏中，将"绘制模式"设置为"形状"，按住Shift键拖曳鼠标绘制一个正圆，将"填充"设置为白色，将"描边"设置为"无"，如图11-29所示。

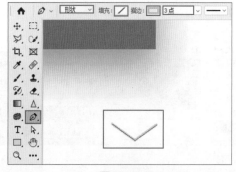

图 11-26

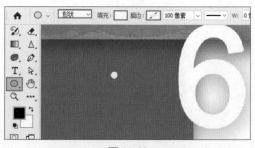

图 11-29

（13）使用"钢笔工具"绘制一条直线，此时箭头制作完成，如图11-27所示。

（3）选中正圆，按住Alt键向右拖曳鼠标将正圆复制一份，如图11-30所示。

Photoshop 2022 平面设计案例教程（全彩慕课版）

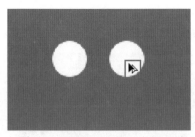

图 11-30

（4）继续将正圆复制3份，如图11-31所示。

图 11-31

（5）选中5个正圆图层，选择工具箱中的"移动工具"，单击选项栏中的按钮，在下拉面板中单击"垂直居中对齐"按钮和"水平居中分布"按钮，进行对齐与分布操作，如图11-32所示。

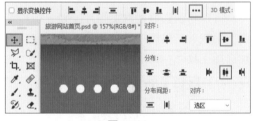

图 11-32

（6）选中最右侧的正圆所在的图层，在使用矢量绘图工具的状态下，在选项栏中设置"填充"为蓝色，如图11-33所示。

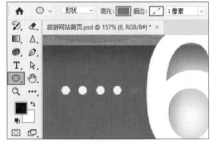

图 11-33

（7）制作环形图表。使用"矩形工具"在蓝色矩形左下角绘制一个矩形，将"填充"颜色设置为深灰色，如图11-34所示。

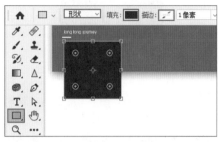

图 11-34

（8）选择工具箱中的"椭圆工具" ，在选项栏中将"绘制模式"设置为"形状"，在最左侧矩形中按住Shift键拖曳鼠标绘制一个正圆，在选项栏中将"填充"设置为"无"，将"描边"设置为橘红色，将"描边粗细"设置为"10点"，如图11-35所示。

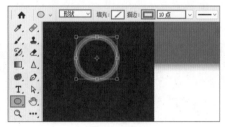

图 11-35

（9）选中环形图层，单击"图层"面板底部的"添加图层蒙版"按钮 ，为该图层添加图层蒙版。选择工具箱中的"多边形套索工具"，在正圆左上角绘制多边形选区，在蒙版中为选区填充黑色，将正圆左上角隐藏，如图11-36所示。

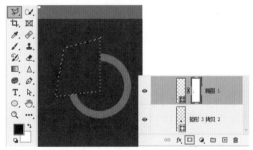

图 11-36

（10）使用"横排文字工具"在弧线附近添加文字，如图11-37所示。

图 11-37

（11）选中构成环形图表的图层，按住Alt+Shift组合键向右水平拖曳鼠标，复制出3个图表，如图11-38所示。

图 11-38

（12）选中图表的矩形底色，在选项栏中设置"填充"为稍深一些的深灰色。继续更改环形显示的范围及文字信息，如图11-39所示。

图 11-39

（13）加选制作好的环形图表模块的图层，按Ctrl+G组合键进行编组。选中该图层组，单击"图层"面板底部的"添加图层样式"按钮，执行"投影"命令。在弹出的"投影"对话框中将"混合模式"设置为"正片叠底"，将颜色设置为黑色，将"不透明度"设置为50%，将"角度"设置为88度，将"距离"设置为30像素，将"大小"设置为30像素，如图11-40所示。

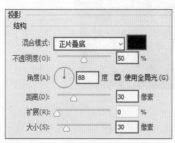

图 11-40

（14）设置完成后单击"确定"按钮，效果如图11-41所示。

图 11-41

（15）使用相同的方法制作底部模块。至此网页效果图制作完成，如图11-42所示。

图 11-42

4. 为网页划分切片并输出

（1）将制作好的网页切片。划分切片需要使用裁剪工具组中的"切片工具"和"切片选择工具"，如图11-43所示。

图 11-43

提示：

　　之所以要将制作好的整张网页效果图切片，是因为如果直接将整个效果图作为网页背景，那么网页的加载速度会变得很慢，影响用户体验。因此，需要将效果图切片，分离出不同的元素，采用合适的方式进行布局和排版，提高网页的加载速度和改善用户体验。

网页切片就是将一个整体的网页效果图（如PSD格式文件）切割成多个独立的图像文件，以便在网页中进行拼接、布局和排版。切片可以将网页设计图中的各个元素（如菜单栏、按钮、文字、图片等）分离出来，以便进行后续的网页开发。

（2）使用"切片工具"可以像使用"矩形工具"一样手动绘制矩形切片。除此之外，用户还可以利用参考线创建切片。按Ctrl+R组合键显示标尺，按照网页的结构创建出参考线，如图11-44所示。

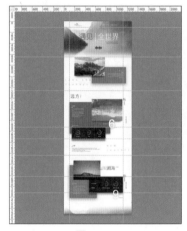

图 11-44

（3）选择工具箱中的"切片工具" ，然后单击选项栏中的"基于参考线的切片"按钮，随后页面会自动按照参考线的位置划分出大量的切片，如图11-45所示。

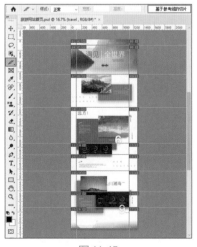

图 11-45

提示：
如果需要将多个切片组合为一个切片，则可以使用"切片选择工具"选择多个切片，然后单击鼠标右键，在弹出的快捷菜单中选择"组合切片"命令。

（4）由于目前的切片划分不够细致，因此可以使用"切片工具"在导航栏中进一步划分，如图11-46所示。

图 11-46

（5）使用"切片选择工具"单击即可选中切片；拖曳切片边缘可以调整切片的大小；拖曳切片可以改变切片的位置；若要删除该切片，则只需选中该切片后按Delete键即可，如图11-47所示。

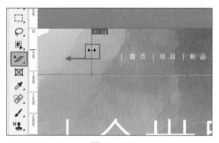

图 11-47

（6）如果要将一个切片均匀地切分为多个切片，可以使用"切片选择工具"单击选择一个切片，然后单击选项栏中的"划分"按钮。在打开的"划分切片"对话框中勾选"水平划分为"或"垂直划分为"复选项，然后设置切片的数值即可，如图11-48所示。

图 11-48

（7）按照网页的具体内容和要求划分好切片后，需要将切片输出。执行"文件>导出>存储为Web所用格式"命令，打开"存储为Web所用格式"对话框，将格式设置为GIF，也可以根据实际需要在当前页面中设定切片的压缩比例，设置完成后单击"存储"按钮，如图11-49所示。

（8）随后选择存储位置，可以看到网页被切分为多个小图片，如图11-50所示。网页切分后可以方便网页制作人员进行后续的网页开发工作。

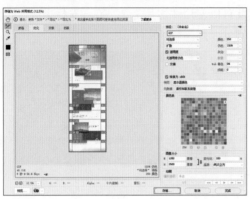

图 11-49

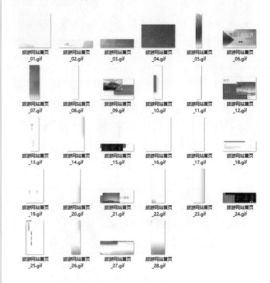

图 11-50